LE CHIEN

HISTOIRE NATURELLE

Son Origine — Son Intelligence

RACES DIVERSES

REPRODUCTION, ÉLEVAGE, DRESSAGE

MALADIES — RAGE

Description alphabétique des termes de Vénerie les plus usités

PAR ALBERT LARBALÉTRIER

Ouvrage illustré de 16 Gravures

Prix : 1 franc

PARIS, LE BAILLY, ÉDITEUR

(LIBRAIRIE RURALE)

6, Rue Cardinale, près St-Germain-des-Prés

(6e arrondissement)

LE CHIEN

SON ORIGINE, — SON INTELLIGENCE

RACES DIVERSES.

Fig. 13. — Le Dogue. (V. page 40.)

LE CHIEN

HISTOIRE NATURELLE. — ORIGINE. — INTELLIGENCE
RACES DIVERSES. — REPRODUCTION
ÉLEVAGE, DRESSAGE, MALADIES, ALIMENTATION

LA RAGE ET SON TRAITEMENT

DESCRIPTION ALPHABÉTIQUE
DES TERMES DE VÉNERIE LES PLUS USITÉS

PAR

Albert **LARBALÉTRIER**

OUVRAGE ILLUSTRÉ DE **16** GRAVURES

PARIS LE BAILLY **ÉDITEUR**

LIBRAIRIE RURALE

6, RUE CARDINALE, 6

Près la place Saint-Germain-des-Prés (6ᵉ arrondissement).

Fig. 2 — Lévrier. (V. page 19.)

INTRODUCTION

Aucun animal n'a été l'objet d'autant d'observations que le chien ; les naturalistes de tous les temps et de tous les pays l'ont étudié à des points de vue différents, et pourtant, on ne sait que fort peu de choses sur son compte. Cette ignorance des naturalistes est encore surpassée, on le comprend sans peine, par celle du public. Or, il est peu de personnes aujourd'hui qui n'aient un chien : c'est l'ami de la maison, qu'on a sous les yeux à toute heure du jour et au sujet duquel on n'en est pas moins dans la plus complète ignorance. Cependant, les ouvrages sur les chiens ne sont pas rares, loin de là ; mais ce sont en général de gros volumes, coûteux, remplis de classifications et d'hypothèses plus ou moins fantaisistes qui ne donnent pas satisfaction à la grande majorité des lecteurs.

Pour notre part, nous n'avons pas voulu faire *mieux* que nos devanciers, mais nous avons tenu à faire *autrement*. Résumer l'histoire du chien sous toutes ses faces en écartant tous les détails oiseux pour insister particulièrement sur ceux qui révèlent un caractère pratique réel; en un mot, résumer le sujet de telle sorte qu'il puisse être lu par tout le monde.

Le chien accompagne partout l'homme; or il est, croyons-nous, indispensable que l'homme connaisse, au moins dans ses grands traits, l'histoire de son meilleur ami.

Pour rendre ces notions plus compréhensibles et aussi pour faciliter les recherches, nous avons divisé le sujet en quatre parties.

1° L'histoire naturelle du chien.

2° La description des races.

3° La reproduction, l'élevage, dressage, etc.

4° Les maladies.

A. L.

PREMIÈRE PARTIE

HISTOIRE NATURELLE

CARACTÈRES GÉNÉRAUX DU CHIEN

Le chien appartient à l'ordre des *Carnassiers* qui comprend : les *Féliens*, les *Canidés*, les *Vivéridés*, les *Mustéliens* et les *Ursidés*.

Le groupe des *Canidés* comprend lui-même :

1° Les chiens proprement dits ;

2° Les renards.

Les premiers sont des animaux diurnes à *pupille toujours ronde*, ils comprennent les loups, les chacals et les chiens domestiques.

Les renards *ont la pupille linéaire*.

Le loup est le type le plus parfait du genre *Canis*. Ce genre, établi par Linné en 1735, est caractérisé par 42 dents, dont 14 incisives, 6 en haut et 6 en bas, deux canines à chaque mâchoire, 12 molaires supérieures et 14 inférieures soit une *formule dentaire* pouvant s'écrire ainsi :

$$\text{inc. } \frac{6}{6} \text{ ; can. } \frac{1-1}{1-1} \text{ ; mol. } \frac{6-6}{7-7}$$

C'est la dentition complète de l'animal adulte.

La dentition de lait ne comprend que 22 dents, ainsi réparties :

$$\text{inc. } \frac{3}{3} \text{ ; can. } \frac{1-1}{1-1} \text{ ; mol. } \frac{3-3}{3-3}$$

La tête est allongée, surtout dans la partie maxillaire. La langue est longue, douce et très mobile. Par les grandes chaleurs, ou après une longue course, le chien sort la langue qui est pendante et accompagnée de beaucoup de salivation, ce qui explique l'action, non pas nulle, comme on l'a prétendu, mais excessivement faible des glandes sudorifiques.

La pupille est ronde, et la vue très perçante; les oreilles, toujours droites à l'état sauvage, sont parfois tombantes ou demi-rabattues chez les variétés domestiques.

L'odorat est excessivement développé et, en général, d'autant plus que le museau est plus *gros*, d'autant moins qu'il est plus *allongé*. C'est ainsi que les lévriers par exemple ont l'odorat relativement peu développé, tandis qu'il est très subtil chez les braques.

L'ouïe est très fine, aussi le chien est-il réveillé au moindre bruit; il est très sensible aux sons aigus et retentissants, ce qu'il manifeste par des hurlements lugubres qui semblent dénoter plutôt la douleur que l'agacement.

Lorsque le chien veut se coucher, il tourne une fois ou deux sur lui-même, gratte le sol, puis s'affaisse. Son sommeil est léger, il rêve souvent, ce qu'on voit parfaitement lorsqu'il remue la queue, s'agite et aboie faiblement tout en dormant.

Les formes du chien sont élégantes, il est agile et courageux. Les membres de devant ont cinq doigts, les deux du milieu sont les plus longs, quatre seulement touchent le sol pendant la marche, le pouce étant placé plus haut; les pieds de derrière n'ont que quatre doigts. Les ongles ne sont ni rétractiles ni tranchants; la plante des pieds est garnie de tubercules. Chose remarquable, pendant la marche, le chien porte son corps de travers, surtout lorsqu'il trotte; on ne connaît guère la raison de ce singulier mode de locomotion. M. Bénion pense que cette marche est due à l'irrégularité des mouvements. En effet, la progression des membres postérieurs est plus étendue que celle des antérieurs, qui, lorsqu'ils se déplacent, embrassent une moins grande étendue de terrain. Les postérieurs viendraient donc heurter les antérieurs, si l'animal ne se déplaçait sensiblement; mais son instinct admirable l'avertit de ce défaut de régularité. Il porte son train postérieur de travers et fait de la sorte passer naturellement les membres postérieurs à côté des antérieurs. Ils se posent ainsi obliquement près de ces derniers, sans les heurter, et régularisent la marche.

Le chien a dix mamelles, rudimentaires chez les mâles, mais volumineuses chez les femelles en gestation; il y en a six ventrales et quatre pectorales. La femelle porte neuf semaines environ.

En général, la chienne a la tête plus longue et plus étroite que le chien, ce dernier l'a plutôt développée en largeur.

Tous ces caractères sont propres au chien, au loup, et au chacal; aucune différence sérieuse ne peut séparer ces trois animaux qui, anatomiquement parlant, ne présentent pas de caractères distinctifs. On a bien prétendu que le loup hurle tandis que le chien aboie, mais c'est là un caractère sans valeur car les chiens *redevenus sauvages* hurlent parfaitement, et, inversement, ces chiens domestiques, ne tardent pas à aboyer.

ORIGINE ET CONSIDÉRATIONS HISTORIQUES.

> « Le chien est le seul animal qui ait suivi
> l'homme sur toute la surface de la terre. »
>
> F. Cuvier.

L'origine du chien est une question encore bien obscure. D'après Buffon, Linné, Cuvier et bon nombre d'autres naturalistes, les races canines descendent toutes d'un type unique au sujet duquel on est loin d'être d'accord; pour les uns c'est le chien de berger, pour les autres c'est le chacal, pour d'autres enfin le loup ou le chien sauvage.

D'après Geoffroy Saint-Hilaire, Pallas, Blumenbach, etc., elles proviennent de différentes espèces croisées entre elles. Il est de fait que le loup et le chien croisés donnent des produits féconds, il en est de même du chien et du chacal, ce qui prouve une chose..... c'est que ces animaux appartiennent au même *genre*.

En somme, la question est loin d'être résolue.

En ce qui nous concerne, nous serions assez disposé à voir dans le chien un descendant du loup ou du chacal; en se basant sur les données fournies par le *transformisme* on voit que cela n'a rien qui puisse étonner. D'ailleurs, nous le répétons, il n'y a entre ces animaux que des différences insignifiantes. Quoi qu'il en soit, et nous insistons sur ce point, ce ne sont là que des hypothèses auxquelles il convient de n'accorder que l'importance qu'elles méritent.

1.

Ce qui est beaucoup plus positif, c'est qu'on a retrouvé des os de chiens fossiles en différents endroits.

On a retrouvé les restes du chien dans les cités lacustres.

Les écrits les plus anciens font mention de cet animal. Chez les Chinois, le chien a servi de modèle à l'un des caractères figuratifs les plus anciens de leur écriture. Les anciens Égyptiens connaissaient le chien, qui figure dans les hiéroglyphes ; d'après Hérodote, il était surtout employé pour la garde des maisons et à la chasse. Pour ce peuple, *Sirius* était le chien céleste, et on explique le culte spécial qu'il lui vouait, car son apparition précédait de quelques jours le débordement du Nil. Le chien était donc regardé comme le génie de ce fleuve. Il prit le nom d'*Anubis* et son image fut placée à l'entrée du temple d'Isis et d'Osiris, et plus tard à la porte de tous les temples égyptiens. Juvénal y fait allusion dans ses vers :

> On adore Anubis dans des cités entières
> Mais l'autel de Diane, hélas ! est sans prières.

Un peu plus tard, Cynopolis (ville du chien), aujourd'hui Samallout, fut bâtie en l'honneur de ce noble animal.

Les Grecs admettaient le chien dans toutes leurs cérémonies. Ils pensaient se purifier en se faisant lécher par lui.

Socrate jurait par le chien. Le chien d'Ulysse, *Argos*, a été chanté par Homère.

Les Romains offraient des chiens à la déesse Mona Geneta.

Pline vante beaucoup le chien, mais il a écrit une foule de contes inexacts à ce sujet.

Virgile n'a pas oublié le chien dans ses écrits, notamment dans les *Géorgiques* :

> Ménage-toi des chiens le fidèle concours ;
> Qu'un peu de pain, de lait achète leur secours ;
> Nourris l'ardent Molosse avec le chien de Sparte,
> Eux présents, que crains-tu ?. . . . .

Revenant vers des temps moins éloignés, nous voyons le chien jouer un rôle non moins important. Nous ne pouvons malheureusement pas nous étendre sur cet intéressant sujet, mentionnons seulement le lévrier de Charles IV. Les caniches de Henri III ne sont pas moins célèbres. « Je me souviendrai toujours, dit M. de Sully, de l'attitude et de l'appareil bizarre où je trouvai ce prince un jour dans son cabinet. Il avait l'épée au côté, une cape sur ses épaules, une petite toque sur la tête, un panier plein de petits chiens pendu à son cou, par un large ruban, et il se tenait si immobile, qu'en nous parlant il ne remua ni tête, ni pieds, ni mains. »

Tout le monde a entendu parler du petit roquet *Fanor*, favori de Henri IV, qui, un jour, ayant reçu une maîtresse *rossée* d'un mâtin roturier peu endurant, fut envoyé par son royal maître à Dieppe, aux bains de mer, pour guérir ses blessures. Le gouverneur lui fit une réception..... royale.

Sous Louis XIV, les dames mirent à la mode de petits roquets qui furent l'objet des soins les plus assidus.

D'après Humboldt, les Péruviens ont la bizarre coutume, quand il y a une éclipse de lune, de battre les chiens jusqu'à ce que l'éclipse soit passée; on comprend que les chiens de ce pays doivent être peu partisans des phénomènes astronomiques, d'autant moins que les Péruviens, à ce qu'il paraît, n'y vont pas de main-morte, comme on dit.

En somme, partout où nous voyons l'homme, nous voyons le chien.

C'est la conquête la plus remarquable que l'homme ait jamais faite ; il semble que la nature lui ait donné le chien pour sa défense et son plaisir. De tous les animaux, c'est le plus fidèle, le meilleur ami que puisse avoir l'homme dont il partage la bonne et la mauvaise fortune.

Comment l'homme, dit Buffon, aurait-il pu, sans le secours du chien, conquérir, dompter, réduire en esclavage, les autres animaux? Comment pourrait-il encore aujourd'hui découvrir, chasser, détruire les bêtes sauvages et nuisibles? Le premier art de l'homme a donc été l'éducation du chien, et le fruit de cet art, la conquête et la possession paisible de la terre.

INTELLIGENCE

« Ce qu'il y a de meilleur dans l'homme c'est le chien. »
CHARLET.

La fidélité, l'affection, la sagacité, l'intelligence du chien lui assurent la suprématie sur tous les autres animaux et lui donnent rang immédiatement après l'homme.

C'est par milliers qu'on cite les remarquables traits d'intelligence de ce noble animal, traits qui, pour la plupart, dénotent un discernement et une sagacité dont bien des hommes, nous n'hésitons pas à le dire, sont incapables. Il faudrait des volumes pour relater tous ces exploits, souvent provoqués par une parole ou un simple geste du maître, plus souvent encore spontanés !

Qui n'a entendu parler de chiens courageux n'hésitant pas à se jeter à l'eau pour sauver leur maître ; d'autres, non moins vaillants, disputant aux flammes meurtrières des enfants au berceau, surpris par l'incendie !

Et ces admirables chiens du Mont Saint-Bernard sauvant les voyageurs perdus, enterrés vivants sous des monceaux de neige ! Delille a immortalisé ces nobles bêtes dans ces vers admirables :

> O vous, soyez bénis, animaux courageux
> Que nourrit Saint-Bernard sur son front orageux ;
> Vous qui, sous les frimas qu'un long hiver entasse,
> Des voyageurs perdus savez chercher la trace.
> L'homme accourt à vos cris ; il enlève ces corps,
> Dont le froid homicide engourdit les ressorts ;
> Il se ranime ; il prend une chaleur nouvelle ;
> Le rayon de la vie en ses yeux étincelle,
> Et l'art vient redonner, par ses soins triomphants,
> Un époux à sa femme, un père à ses enfants.
> . . . .

Et ce brave chien d'aveugle, conduisant son maître sans se tromper, dans les rues les plus tortueuses et les plus encombrées.

Cette admirable prévoyance du chien de berger, gardant avec une sollicitude sans égale, les moutons ou les bœufs confiés à ses soins.

> Formé pour le conduire et pour le protéger,
> Du troupeau qu'il gouverne il est le vrai berger.

Et dire que des naturalistes refusent encore au chien l'*intelligence*, pour ne lui accorder que l'*instinct* ! Il faut n'avoir jamais vu de chiens, n'avoir jamais observé ces animaux pour soutenir sérieusement de pareilles utopies.

Nul n'est parfait en ce monde, et le chien, tout comme l'homme, mais bien moins que ce dernier, a ses petits défauts. Nous ne pouvons nier qu'il soit un peu batailleur; les combats entre chiens ne sont pas chose rare. Cependant le fait n'est pas général, et bon nombre de chiens semblent manifester beaucoup d'affection pour leurs semblables. Nous n'en donnerons comme preuve que le récit suivant :

Deux enfants d'une douzaine d'années (cet âge est sans pitié) venaient de jeter dans la Seine un pauvre chien aveugle, à moitié mort de faim, et, avec une férocité, toute humaine, car elle ne peut être comparée à celle des plus terribles carnassiers, faisaient tomber une grêle de pierres sur la pauvre bête. A .chaque instant le malheureux chien atteint par un projectile, poussait un sourd gémissement, à la grande joie de ses bourreaux. Soudain, un autre chien, *Vaillant* appartenant à M. Guine qui plus tard fit connaître cette histoire, se jeta à l'eau, et attiré par les gémissements de son pauvre camarade, se dirigea de son côté avec une agilité extraordinaire. « Comprenant tout le danger de la tâche qu'il venait de s'imposer, dit M. Guine, *Vaillant* souleva son train de derrière de manière que le naufragé pût y cramponner sûrement ses pattes 'de devant, sans pour cela gêner trop ses mouvements, et se remit bravement à nager de mon côté. Ses efforts furent couronnés de succès; en quelques secondes, il prit pied et se mit fièrement à secouer sa belle crinière, tandis que son camarade tombait épuisé à ses côtés. »

Un autre fait semble démontrer d'une manière péremptoire que le chien n'est pas dépourvu de mémoire : M. Pibrac, célèbre médecin de la fin du siècle dernier, recueillit un jour devant sa porte un pauvre chien qui avait la patte cassée, il le soigna avec sollicitude et obtint bientôt sa guérison. Mais, aussitôt remis en état le chien s'en alla ; le médecin ne manqua pas de l'accuser d'ingratitude, et en somme, avec quelque apparence de raison ; apparence seulement, car ce chien avait un maître, qu'avec la fidélité qui caractérise cette bête il allait rejoindre. Un mois après, le chien reparut à la porte de M. Pibrac, et lui fit mille protestations d'amitié, mais tout en procurant ces caresses à son sauveur, il le tirait par son habit comme pour lui montrer quelque chose ; c'était une chienne, probablement une amie, peut-être très intime qui, elle aussi, avait la patte cassée et qu'il amenait à son bienfaiteur dont il n'avait pas oublié les soins.

Les faits de ce genre sont difficiles à admettre, aussi faut-il faire remarquer toute la bonne foi des témoins qui les ont observés et des auteurs qui les rapportent pour en démontrer la véracité. Ils montrent qu'à certains points de vue, le chien se montre l'égal de l'homme et que, maintes fois, celui-ci pourrait prendre pour exemples les actes nobles et courageux de ce vaillant animal.

M. Paul Duplessis, le romancier bien connu, auteur des *Boucaniers* et de bon nombre d'autres ouvrages remarquables, avait une chienne appelée *Littaud* qu'il aimait beaucoup. Or, un soir, rentrant chez lui, il fut frappé d'un coup de sang et tomba mort dans la rue des Martyrs. Son corps fut relevé le lendemain matin et transporté à son domicile. La chienne vint flairer et faire des avances à son maître étendu inerte sur son lit, mais ne recevant pas de réponse, elle se mit à pousser des gémissements plaintifs et refusa toute nourriture. Lorsque le lendemain, on vint prendre le cercueil de Duplessis, on trouva la pauvre bête morte de chagrin dans un coin de la chambre.

En 1860, tout Paris a vu un chien fixé pendant plusieurs années sur le tombeau de son maître au cimetière des Innocents sans que rien pût l'en arracher. Plusieurs fois, rapporte Sonnini, on voulut l'emmener, l'enfermer à l'extrémité de la ville ; dès qu'on le lâchait, il retournait au poste que sa constante affection lui avait assigné ; il y restait malgré la rigueur des hivers. Les habitants du voisinage, touchés de sa persévérance, lui portaient à manger ; le pauvre animal ne semblait manger que pour prolonger et donner l'exemple d'une fidélité héroïque.

DEUXIÈME PARTIE

DESCRIPTION DES RACES CANINES

CLASSIFICATIONS

Aujourd'hui les races pures sont rares; il y a eu tant de croisements que la plupart des chiens qui existent, quoique participant un peu de toutes les races, ne peuvent être rapportés à aucune. Cependant il existe encore quelques races pures, ou regardées comme telles, qu'il importe de connaître, car elles sont caractérisées, non seulement par un *faciès* spécial mais encore par des aptitudes particulières.

Bien des classifications ont été proposées, les unes naturelles, les autres artificielles.

Parmi les premières, nous nous contenterons de mentionner celle de Frédéric Cuvier, qui est la classification scientifique la plus généralement admise par les naturalistes français.

Elle comprend trois classes :

1º Les **Mâtins**, caractérisés par une tête plus ou moins allongée et par les os pariétaux tendant à se rapprocher. Cette classe se divise en deux sections : 1º les *chiens sauvages ou à demi domestiques*, chassant en troupes; 2º les *chiens domestiques*, chassant en troupes ou seuls, mais employant la vue de préférence à l'odorat.

2º Les **Épagneuls**, dont la tête est modérément allongée à pariétaux n'ayant plus de tendance à se rapprocher. De tous les chiens, ce sont les plus intelligents. Ils comprennent trois sections : 1º *chiens propres à la garde des troupeaux*, tels que chiens de berger, etc., 2º *chiens aimant l'eau* et se plaisant à la natation, tels que basset, épagneul d'eau, erre-neuve, etc. ; 3º *chiens d'arrêt*, chassant par l'odorat seulement et tuant le gibier.

3º Les **Dogues**, caractérisés par le raccourcissement de leur museau, le mouvement ascensionnel de leur crâne, son rapetissement, et la grande étendue des sinus frontaux; ces races sont les moins intelligentes.

Parmi les classifications artificielles, qui d'ailleurs sont en très grand nombre, celle de Stonehenge, qui considère surtout les chiens au point de vue de leur utilité, leurs attitudes, etc., nous semble une des meilleures, c'est évidemment celle qui doit être préférée dans un ouvrage élémentaire.

Comme on peut le voir, la classification de Cuvier n'a pas été tout à fait étrangère à l'établissement de celle de Stonehenge, tout au moins en ce qui concerne les sections établies par le naturaliste français; quoi qu'il en soit, elle est commode surtout pour la description des races qui, grâce à elle, se trouve de beaucoup facilitée.

Voici cette division :

1º Chiens sauvages ou demi-sauvages, chassant en troupes.

2º Chiens domestiques, chassant à vue et tuant le gibier pour l'homme.

3º Chiens domestiques, trouvant et chassant au nez, et tuant le gibier.

4º Chiens domestiques trouvant et chassant le gibier au nez mais ne le tuant pas.

5º Chiens employés à la garde des troupeaux.

6º Chiens de garde, chiens de maisons, chiens d'appartement.

7º Races métisses, croisées, etc.

1re section

Chiens sauvages ou demi-sauvages chassant en troupes.

Dans cette division se trouvent de nombreuses espèces, mais la plupart étant exotiques ne nous intéressent que médiocrement; nous ne décrirons que le *Buansu*, le *Dhol*, le *Pariah*, le *Dingo* et l'*Aguara*.

Le **Buansu**, encore appelé *chien de l'Himalaya*, est de longueur moyenne; il a les oreilles droites et assez grandes la queue est garnie d'une touffe de poils raides à son extrémité, ses pieds sont couverts de poils jusqu'en bas. Son pelage est d'un roux foncé, jaunâtre inférieurement.

Ce chien, qui a été considéré par bon nombre de naturalistes comme la souche de tous les chiens, est encore appelé *chien primitif*; il habite les trous des roches et chasse par troupes nombreuses aussi bien le jour que la nuit. Il est méfiant à l'égard de l'homme, mais ne l'attaque jamais.

Fig. 1. — Le Dingo.

Le **Dhole** ou *Colsun* a environ un mètre de long, plus la queue qui mesure près de 20 centimètres. Comme aspect général, il ressemble quelque peu au lévrier; son pelage est d'un beau brun roux, un peu plus pâle sous le ventre. Il vit à l'état sauvage dans les jungles de l'Inde où d'ailleurs il est loin d'être commun. Comme le buansu, les dholes chassent par troupes de quarante à soixante individus, ils font alors entendre de véritables hurlements. Il est rare qu'une proie leur échappe, car ce sont d'excellents chasseurs.

Le **Pariah**. Aux Indes, on donne le nom de pariah à des chiens demi-sauvages qui pullulent dans les villages. Ils n'ont pas de maître particulier, mais suivent tout le monde et ne manquent jamais d'accompagner les naturels qui vont à la chasse. Ces chiens sont vifs, agiles et courageux, ils ont un odorat d'une subtilité remarquable et servent même à la chasse au tigre.

Le **Dingo**, encore appelé *warragal* est le plus grand carnassier non marsupiaux du continent australien. Il ressemble au renard, mais sa taille est un peu plus élevée. Son pelage est roux avec quelques taches noires sur les flancs et le dos; il a les oreilles droites, l'ouverture dirigée en avant. — (fig. 1.)

C'est un terrible destructeur de brebis, contre lequel les émigrants ont dû établir des chasses réglées. Les chiens de berger et les chiens de chasse lui font une guerre acharnée, aussi est-il aujourd'hui relégué avec les naturels du pays, vers le centre du continent australien.

L'**Aguara**, ou *chien des Pampas*, est d'un brun grisâtre; il a une véritable fourrure pour la possession de laquelle on lui fait une chasse active, d'autant plus qu'il ne manquera jamais de dévorer les veaux et les génisses lorsque l'occasion s'en présente.

On croit que ce sont les descendants, devenus sauvages, des chiens européens apportés en Amérique par les premiers émigrants.

Tous les animaux que nous venons d'examiner chassent par troupes. Mais il existe dans le midi de l'Europe, notamment en Turquie et en Grèce, des chiens demi-sauvages qui vivent cependant dans une certaine dépendance de l'homme.

C'est surtout à Constantinople que ces chiens abondent. Ils ont quelque ressemblance avec nos chiens de berger; leur pelage est d'un jaune sale. Ces êtres pullulent dans les rues de Constantinople, et constituent pour cette ville un véritable fléau.

« Chaque rue a ses chiens, dit M. X. Marmier, tout comme chez nous les mendiants ont leurs quartiers ; et malheur au chien qui s'égare sur le domaine d'un voisin ! J'ai vu bien des fois les autres chiens se ruer sur le malheureux, et le déchirer, si une prompte fuite ne le mettait à l'abri. »

Les Turcs, qui regardent comme un péché de faire du mal à une créature vivante, protègent ces chiens, qui savent fort bien distinguer les indigènes des étrangers et qui souvent attaquent ces derniers.

Les chiens de Constantinople sont pourtant d'une certaine utilité, en ce sens qu'ils font le service de la voirie en purgeant les rues d'une grande quantité de débris : ils remédient ainsi à l'imprévoyance de la police urbaine.

2ᵉ section

Chiens domestiques chassant à vue et tuant le gibier pour l'homme.

Cette section comprend trois groupes distincts, savoir: le *mâtin*, le *lévrier* et le *chien de la rivière Mackensie*.

Mâtin. — Le mâtin a la tête allongée et le front aplati, les oreilles sont petites et droites depuis leur naissance jusqu'à la moitié de leur longueur, le reste pend légèrement. Le pelage varie du brun rougeâtre au fauve, quelquefois noir et fauve.

Le mâtin est de forte taille, vigoureux, bien proportionné, ses jambes sont longues et nerveuses. Ce chien a l'odorat médiocre, il chasse à vue, surtout le loup et le sanglier ; il est souvent employé comme chien de garde.

La plupart des naturalistes regardent le mâtin comme issu du chien de berger.

Lévriers. — La race des *lévriers* descend du chien de berger pour les uns, du mâtin pour les autres. Quoi qu'il en soit, c'est une race très ancienne, car on trouve les lévriers figurés sur les monuments hiéroglyphes de l'Égypte et des Indes.

C'est de tous les chiens le plus svelte et le plus léger ; sa rapidité à la course est si grande qu'aucun quadrupède ne peut le dépasser.

Les courses de lévriers sont fort goûtées en Angleterre ; c'est sous le règne d'Élisabeth qu'elles prirent naissance dans ce pays.

Le lévrier a la tête allongée, la peau fine, les poils courts, les jambes sèches et longues, la queue est mince et allongée ; l'odorat est très médiocre, mais la vue est perçante. — (fig. 2.)

Ce chien est peu intelligent, sa fidélité laisse aussi beaucoup à désirer, il reçoit les caresses de tout le monde. C'est une bête égoïste et qui ne supporte pas qu'on la néglige ; à la moindre contrariété, tout son corps tremble. Il n'aime pas les autres chiens et lorsqu'il ne se montre pas indifférent à leur égard, il ne manque pas de les attaquer. C'est un combattant dangereux, car malgré son apparence grêle il est très vigoureux et la plupart du temps se rend maître de son adversaire en le saisissant par la nuque.

Fig. 3. — Lévrier russe.

Le *lévrier russe* est une fort belle bête, dont la taille varie entre 60 et 70 centimètres; ses oreilles sont droites et retombent très peu à la pointe; sa robe est d'un gris d'acier, la fourrure est assez épaisse, les poils de la queue notamment sont longs et soyeux. Contrairement à ce qu'on observe chez ses congénères, le lévrier russe a l'odorat assez développé. Il est vigoureux et rapide, aussi, en Russie, est-il surtout employé à la chasse au loup et au sanglier.(fig. 3)

Le *lévrier d'Écosse* est aujourd'hui assez rare; autrefois dans les Highlands, il était employé à la chasse au loup et au cerf.

Le *lévrier italien* ou *levrette* est le représentant le plus petit et le plus gracieux de la race. Rarement son poids excède 3 kilogrammes. Il a le poil ras et la robe fauve, isa-

belle ou café au lait à reflets dorés. En Angleterre ces petits animaux se payent à des prix fabuleux ; ce qu'exigent
surtout les amateurs, c'est une robe d'une seule couleur et
exempte de la moindre tache de blanc.

Le Chien de la rivière Mackensie est le chien de
chasse des Indiens de l'Amérique du Nord. Par la forme de sa
tête il ressemble au lévrier ; son museau est long et étroit
et ses oreilles petites ; par la forme générale du corps il se
rapproche des épagneuls. Son poil est long et bien fourni.

Ce chien n'aboie pas et chasse à vue le lièvre, le renne
et autre gibier. C'est un auxiliaire précieux pour les Indiens,
car ses pieds larges et recouverts de poils lui permettent
de courir aisément sur la neige.

On le trouve surtout dans la tribu des Indiens-lièvres
(*Hare-Indians*), de là le nom de *Hare-Indians-dog* que lui
donnent les Anglais.

3e section

Chiens domestiques chassant au nez, trouvant et tuant
le gibier.

Dans cette section, qui est une des plus importantes se
rangent les chiens courants, bassets, terriers, etc., etc.

Chiens courants. — L'origine des chiens courants se
perd dans la nuit des temps. Xénophon en a parlé dans ses
écrits.

Les races françaises ont une renommée universelle.

Les qualités qu'on demande à un bon chien courant peuvent être ainsi résumées :

Hauteur variant entre 50 et 65 centimètres, longueur pro-
portionnée, épaules ni étroites, ni charnues ; reins élevés,
hanches courtes et larges, queue longue, velue à l'origine,
presque sans poil à l'extrémité, jambes proportionnées,
jarrets droits, pieds petits, ongles gros et courts. Oreilles
minces, larges et tombantes. Enfin, il va sans dire qu'il devra être doux et obéissant.

Malgré la supériorité reconnue de nos races, on a beaucoup
introduit de chiens courants anglais ; de là sont résultés des
croisements qui dominent aujourd'hui dans les meutes
françaises.

M. le comte Le Couteuls de Canteleu a dressé un tableau

des chiens courants français avec les contrées où ils ont pris naissance ; nous le reproduisons ici à titre de renseignement :

Midi. . 1° chien de Gascogne. . . . } 3° chien bleu.
        2° chien de Saintonge . . . }
        4° chien fauve de Bretagne.
Ouest. 5° chien vendéen . . . . . . } poil ras.
                                      } griffon.
        6° chien du haut Poitou.
        7° chien de Céris.
        8° chien de Normandie.
Nord. { 9° chien d'Artois.
        10° chien de Saint-Hubert.
        11° chien de Bresse.
Est. . { 12° chien gris de Saint-Louis.
        13° Basset.

Décrivons maintenant sommairement les principales de ces races.

Chien de Saint-Hubert. — La race de Saint-Hubert ou des *limiers* est une des plus ancienne de France. Elle fut, dit-on, introduite dans les Ardennes vers la fin du VII° siècle par Saint Hubert. Jusqu'à Saint Louis les rois de France n'eurent pas d'autres chiens dans leurs meutes ; ce fut à partir de cette époque qu'ils furent peu à peu remplacés par le *chien gris* et quelques autres races.

Le Saint-Hubert a le crâne large et bombé, les oreilles larges et pendantes, le poil noir avec les sourcils et les pattes couleur feu. — Encore appelé *chien sanguinaire* ou *de sang*, le Saint-Hubert est surtout destiné à trouver la trace du gibier pour l'indiquer au veneur. C'est un chien très passionné, toujours avide de sang, il ne quitte le gibier qu'à sa mort ; souvent même il est dangereux pour l'homme. C'est ainsi qu'en Angleterre, sous le règne d'Élisabeth, le comte d'Essex en menait 800 dans son expédition d'Irlande.

C'est à l'époque de la conquête des Normands que bon nombre de chiens de cette race passèrent chez nos voisins d'outre-Manche, où ils donnèrent naissance au *talbot* au *foxhound*, etc., etc., dont nous parlons plus loin.

Chien de Gascogne. — Cette race provient, dit-on, d'alliances contractées au XVI° siècle, entre des chiens de Saint-Hubert et des lices indigènes à la contrée. Cette race se retrouve assez pure aujourd'hui.

Voici ses caractères: tête longue un peu forte, oreilles longues, souples, minces, retombant en papillotte, nez large, œil enfoncé avec la paupière inférieure tombante (œil rouge), poitrine ample et descendue, reins droits et bombés, cuisse plate et jarret écrasé.

C'est un chien de haute taille, à la robe blanche, avec quelques taches noires et lie de vin; la variété de Toulouse a des taches aux yeux et aux pattes.

Le chien de Gascogne chasse le loup dans la perfection: on ne lui reproche guère que d'être un peu lent et trop collé à la voie.

Chien de Saintonge. — Les chiens de Saintonge pure race ne sont pas rares dans le pays. A la Rochelle, notamment, il nous a été donné d'en voir de magnifiques spécimens.

Cette race est de haute taille, de 65 à 78 centimètres. Le chien de Saintonge à la tête sèche, le nez long et très légèrement retroussé; les oreilles sont fines et tombantes, la paupière est tombante et l'œil rouge.

La robe est blanche marquée de noir ou de feu, non seulement sur le poil, mais sur la peau.

Ces chiens ont une bonne vitesse et chassent fort bien le lièvre et le cerf. Par contre, ils sont difficiles à élever et ressentent la fatigue d'une chasse pendant plusieurs jours consécutifs.

C'est une de nos plus vieilles races françaises, et peut-être la plus pure qui existe encore dans notre pays. — (fig. 5.)

Chien du Poitou. — La race du Poitou quoique de création récente n'existe déjà plus à l'état de pureté.

C'étaient de grands chiens d'environ 65 centimètres; la tête longue, fine et busquée, montée sur une longue encolure. Ils étaient tricolores, c'est-à-dire blanc, noir et feu.

Les chiens du Haut-Poitou ont conservé quelques-uns de ces caractères, notamment ce nez large et busqué et la poitrine profonde; ils ont en outre la voix forte et l'odorat exquis.

Chien Vendéen. — Sous Louis XIV, cette race constituait les chiens de la couronne, on les appelait *les grands chiens blancs du roi.*

Ces chiens sont aujourd'hui très répandus en France et

justement appréciés par les chasseurs. Ce sont de magnifiques bêtes, vigoureuses, à forte charpente. La tête est petite,
les oreilles souples, larges et pendantes, la queue effilée;
le poil est court et fin. — (fig. 4.)

Leur taille varie entre 60 et 70 centimètres.

Fig. 4. — Chien griffon vendéen.

Le chien vendéen crie peu, mais son accent est incom-
parable, il est très vif au début de la chasse, mais faiblit
quelquefois à la fin.

Cette race est peu délicate et très intelligente, mais d'un
naturel querelleur. Le pelage est tricolore, mais le blanc
domine généralement.

Ces chiens donnent beaucoup de vitesse et retrouvent facilement les plus vieilles traces de loup.

Une variété des chiens vendéens est le *Griffon vendéen* dont le poil est rude et frisé, d'un blanc grisâtre, quelquefois taché de fauve ou de noir; ce sont des chiens rudes et vigoureux qui ne se rebutent jamais et chassent volontiers le loup et le sanglier.

Fig. 5. — Chien de Saintonge.

Le Chien bleu, dit de *Foudras,* résulte du croisement du chien de Gascogne avec la chienne de Saintonge. Ces animaux sont assez rares aujourd'hui.

Chien de Normandie. — Cette race, qui, dit-on, descend des chiens de Saint-Hubert a été l'objet d'une foule de croisements avec les chiens anglais; aujourd'hui elle n'existe plus à l'état de pureté.

C'étaient des chiens de haute taille au corps long et robuste. Ils avaient la tête sèche, carrée, le front large avec deux proéminences entre les yeux et les oreilles; la face ridée, les oreilles longues et pendantes.

Le pelage était blanc ou gris fauve.

Passons maintenant aux races anglaises.

Le **Talbot** a la gueule large, les lèvres pendantes et les oreilles allongées. Son pelage est d'un blanc pur. Il est très lent, ce qui est un inconvénient sérieux pour la chasse : aussi devient-il de plus en plus rare.

Le **Foxhound**, ou *Chien à renard*, passe pour le meilleur de tous les chiens de chasse anglais.

C'est évidemment une race créée depuis peu, car elle n'existait pas encore il y a deux siècles. On croit que ce chien résulte du croisement entre le Saint-Hubert, le Talbot et le Lévrier.

Il a la poitrine large, le train de derrière ramassé, les jambes droites et les pieds arrondis; l'oreille est petite et plate. Les couleurs dominantes sont le noir et le blanc, avec des taches brunes, fauves ou grises.

La vigueur de ce chien est fort remarquable.

Le chien de renard, dit Brehm, a la rapidité du lévrier, le courage du bouledogue, l'odorat subtil du chien de sang, la prudence du caniche; en un mot, il réunit en lui toutes les qualités du chien.

Sa rapidité est incroyable, il peut parcourir jusqu'à un kilomètre par minute.

Le **Harrier**, ou *Chien à lièvre*, ressemble beaucoup au précédent, mais il est avéré qu'il est d'origine beaucoup plus ancienne. Sa taille est moindre, car il ne mesure que 45 centimètres environ; il a la tête plus large, les oreilles plus longues et les lèvres plus développées; il est aussi plus bas sur les jambes.

Le nez est d'une finesse remarquable; et la voix d'une sonorité extraordinaire. Ce chien est aujourd'hui assez rare.

Le Beagle est un beau et grand chien, à tête large et ronde, il a le nez court et carré, de fortes mâchoires; les oreilles sont larges et pendantes. Comme physionomie générale il ressemble un peu au limier anglais, mais il a le poil ras, un peu plus long sur les fesses et au bout de la queue.

Il est très actif, très tenace, et a l'odorat très développé.

Cette race se trouve surtout en Irlande, où elle est uniquement affectée à la chasse au daim.

Bassets. — Les bassets sont des chiens éminemment français; ils n'existent pas en Angleterre.

Ils ont le corps long, de 60 à 70 centimètres environ sur, une hauteur de 25 centimètres à peine ; les pattes sont très courtes, les ongles longs ; la tête est grosse, le museau fort et les oreilles longues et pendantes; la queue est relevée et courbée en avant. On trouve de très beaux sujets dans le grand-duché de Bade.

Ces animaux sont robustes, persévérants, infatigables et courageux, par contre ils sont rusés et voleurs, surtout les vieux. Le basset n'aime pas les autres chiens et ne manque pas de s'attaquer aux plus gros ; avec ces derniers, le rusé animal se couche sur le dos et cherche à mordre son adversaire sous le ventre.

Les bassets ne courent pas vite, ils ont l'odorat subtil, mais la vue peu perçante. On les emploie pour chasser le loup, le sanglier, le lièvre, le renard, etc. Ils chassent avec entrain, mais ne sont pas obéissants et dévorent le gibier ; ils savent fort bien qu'ils font mal, mais devant la pièce abattue leur passion est trop forte, ils ne peuvent résister.

Leur stature basse et les fortes griffes qui arment leurs pattes les rendent éminemment favorables à la chasse des animaux qui terrent; c'est surtout contre le blaireau et le renard qu'ils s'acharnent de préférence.

Il y a plusieurs variétés de bassets.

La variété à poils ras est la plus répandue ; son pelage est noir avec des taches feu aux yeux et aux pattes; cette variété est souvent appelée Saint-Hubert. Une autre variété est à poils longs, elle est grisâtre avec des taches café au lait.

En outre on distingue les bassets en bassets à jambes *droites*, et bassets à jambes *torses*.

La seule variété anglaise est le *Turnspit* ou *Basset tourne-broche*, qui a les pattes torses et les oreilles petites. Autrefois ce chien était employé à tourner la broche, on en mettait toujours une paire, ils se refusent parfaitement à cet emploi quand ce n'est pas leur tour ; l'odeur les avertit lorsque le rôti est cuit à point, alors ils jappent fortement pour avertir le cuisinier.

Terriers. — Les terriers ont beaucoup de ressemblance avec les bassets. Ce sont des chiens de petite taille, vifs et courageux.

On en connaît un grand nombre de variétés qui peuvent être groupées en deux sections :

1° Les terriers à poil ras.

2° Les terriers à poil long.

Parmi les premiers, il nous faut citer le *terrier anglais*, chien noir, quelquefois blanc, à tête ronde et fine, au nez effilé, aux épaules robustes, à queue fine et horizontale. Il est excellent pour chasser les rats.

Cet animal est vif, intelligent ; il est très attaché à son maître. Le chien de Ninon de Lenclos, *Raton*, appartenait à cette race, il avait été apporté d'Angleterre par le marquis de Worcester.

Le *fox-terrier*, autrefois employé pour chasser les renards, appartient au même groupe ; il est blanc et fauve et montre un courage à toute épreuve.

Parmi les lévriers à long poil, mentionnons le *skie-terrier*, qui a beaucoup d'analogie avec le basset ; toutefois, il a les oreilles droites et le poil long. Il est très bon pour la chasse au lapin.

Le *dandy-dinimont* est bas sur pattes ; son pelage est gris-jaunâtre ; cette variété, autrefois assez commune en Écosse, est aujourd'hui fort rare.

4e Section

Chiens domestiques découvrant le gibier au nez,
mais ne le tuant pas.

Dans ce groupe se rangent les chiens d'arrêt, le griffon, le barbet, etc.

Chiens d'arrêt. — Ces chiens, au lieu de suivre la piste du gibier, qu'ils poussent au galop comme les chiens courants, s'arrêtent lorsqu'ils ont découvert la bête et restent en *arrêt* sans la toucher ; quelquefois même ils se couchent devant le gibier, de là le nom de *chiens couchants* qu'on leur donne quelquefois.

Avant de nous occuper des races, voyons d'abord les qualités que doit réunir un bon chien d'arrêt.

1° Il doit quêter d'une manière vive et animée en prenant le vent.

2° Il doit tenir l'arrêt ferme jusqu'à l'arrivée du chasseur, et quitter l'arrêt au coup de sifflet ou à la voix de celui-ci.

3° Il doit rapporter à son maître, soit sur terre, soit dans l'eau, toute pièce abattue, sans la meurtrir.

4° Il ne doit pas courir à un autre fusil qu'à celui de son maître.

5° Il doit être docile et obéissant.

Épagneuls. — Ces chiens sont originaires d'Espagne. Ils ont le crâne développé, le nez plutôt court, l'odorat excellent, l'œil doux et expressif. Le poil est long et soyeux, les oreilles longues. L'épagneul est un chien docile et très intel-

Fig. 6. — Chien épagneul français.

ligent. Il ne redoute pas l'eau aussi convient-il surtout dans les pays marécageux.

Épagneul français. — Les épagneuls français ont eu une

grande réputation. C'est ainsi qu'au XVIIᵉ siècle par exemple l'Angleterre les achetait à des prix très élevés. Quoiqu'un peu atténuée, cette réputation, d'ailleurs pleinement justifiée, persiste encore aujourd'hui.

C'est un chien de taille moyenne, aux formes élégantes, au cou long et flexible ; la queue est recourbée vers l'extrémité, et garnie d'un beau panache de poils. Sa couleur est généralement blanche avec des taches marron.

Quelques espèces ont le nez fendu ; on les désigne sous le nom d'*Épagneul à double-nez*.

Fig. 7. — Chien épagneul anglais.

Épagneuls anglais ou *Setter*. — Ces chiens, plus souvent désignés sous le nom de chiens couchants, ont beaucoup de ressemblance avec les épagneuls français, mais les formes sont plus légères et plus élancées ; ils ont aussi les oreilles plus petites et placées plus haut. Les Anglais ont spécialisé cette race, en créant bon nombre de sous-variétés, parmi lesquelles nous devons mentionner :

Le *Setter d'Irlande*, qui est fauve,

Le *Setter d'Écosse*, dont le pelage d'un rouge vif est fort remarquable,

Le *Setter anglais* qui a le pelage jaune et blanc.

Le *Petit Setter* ou *Cocker* que représente notre gravure,

est un chien de petite taille ; il a la tête ronde, le front haut, le museau pointu et les oreilles de taille moyenne, couvertes de poils ondulés. Ses pattes sont vigoureuses. Généralement, on lui coupe la queue à moitié, pour éviter qu'elle ne se prenne dans les buissons. Son pelage, assez variable, est le plus souvent blanc et orangé.

Le cocker est surtout employé pour la chasse aux faisans et aux bécasses.

Braque. — Les braques sont des chiens d'arrêt à poil ras ; les représentants français de ce groupe sont fort recherchés.

Le *braque français* est plus haut que l'épagneul ; il a la tête forte, le museau court et carré, les lèvres pendantes, les oreilles petites et tombantes; l'œil est petit relativement au volume de la tête; mais il est très vif ; la poitrine est large, les membres forts et les pieds larges. Son poil est ras, taché de marron ou de brun sur un fond noir.

Le braque français est peut-être le meilleur chien d'arrêt qu'on puisse avoir en plaine.

On connaît bon nombre de variétés de cette race.

La plus estimée de toutes les races de braques, dit M. L. Bigot, est celle dite *Dupuy*, qui est pour ainsi dire introuvable aujourd'hui. On reconnaît les rares animaux de la race Dupuy, à leur grande taille, à l'oreille papillotée, à la couleur marron foncé des taches, et à certaines petites mouchetures placées sur les pattes. »

Le braque du Poitou a le pelage généralement blanc taché de brun rougeâtre.

Le braque de Normandie a le poil rougeâtre.

Tous ces animaux ont l'odorat d'une finesse remarquable ; ils sont surtout utilisés pour la chasse au lièvre.

Braque anglais ou *Pointer*. — S'il faut en croire quelques auteurs, le *Pointer* serait le résultat de l'accouplement d'un braque français et d'un foxhound ; remarquez toutefois, il n'y a aucune certitude.

C'est un des plus beaux chiens de chasse que l'on connaisse. Voici son signalement:

Tête plutôt grosse que longue, front élevé, museau large, un peu carré, cou long et arrondi, sans trace de fanon. Peau fine, reins solides, côtes bien arquées, pied rond garni d'une épaisse semelle. La robe est blanche plus ou moins tachetée ; on estime tout particulièrement le pelage blanc avec la tête fauve ou noire.

Le pointer a l'odorat d'une finesse exquise ; il parcourt la plaine avec une prodigieuse rapidité, ce qui est souvent un défaut, car il fait parfois partir le gibier que le chasseur suit à portée.

Fig. 8. — Chien d'arrêt anglais, Pointer.

Le croisement des pointer avec le braque français donne d'excellents produits qui ont à la fois l'odorat du premier et la docilité du second ; leur pelage est généralement fauve jaunâtre, de là le nom de *chiens orangés* qu'on leur donne quelquefois.

Chien d'arrêt espagnol. — Ce chien a la tête forte, le museau large et les oreilles pendantes mais cependant moins longues que celles du chien courant. Le pelage est blanc et marron foncé.

Il est lent et se fatigue très vite à la chasse.

Chien danois. — Le chien danois est un métis du lévrier et du mâtin.

C'est un grand chien, svelte, élancé, à oreilles courtes et étroites, un peu pendantes, au museau pointu, son nez est rose. Son pelage est gris ou blanc bleuâtre avec des taches noires rondes assez irrégulières, de là le nom de *chien tigré* qu'on lui donne souvent.

C'est peut-être le plus grand chien, mais aussi un des plus indolents.

En Angleterre c'est le compagnon des chevaux, pour lesquels il montre beaucoup d'attachement.

Le *petit danois* ressemble au précédent, mais il est de taille moindre.

Chien de Dalmatie. — C'est un danois de grande taille qui rappelle à la fois le pointer et le chien courant par ses formes. — Il est moins svelte et moins élancé que le précédent, il est aussi beaucoup moins intelligent. Son pelage est caractéristique, blanc, marqué de taches rondes d'un

Fig. 9. — Chien de Dalmatie.

beau noir de la grandeur d'une pièce de cinquante centimes environ.

Ce chien, autrefois très à la mode en France, disparaît de

plus en plus. En Dalmatie il est employé comme chien d'arrêt.

Griffon. — Le griffon se rapproche quelque peu du braque, mais sa tête est plus arrondie, son museau moins épais et orné de moustaches épaisses ; les oreilles sont courtes et les yeux petits.

Couvert d'une couche épaisse de poils rudes et hérissés, dit M. J. Lavallée, le griffon a la robe d'un blanc sale ou d'un gris jaunâtre, parsemé quelquefois de taches brunes. Cette espèce d'armure dont il est rembourré lui permet de pénétrer dans les fourrés les plus épais, de braver même les épines des ajoncs ; il est excellent pour buissonner ; il va volontiers à l'eau et nage bien ; il est fort et robuste, résiste à la fatigue ; mais il est entêté, et l'on a beaucoup de peine à le dresser. — On emploie aussi des métis issus du griffon et de l'épagneul ; ils ont les teintes grivelées de ce dernier. Ce sont de bons chiens, mais ils ont en partie conservé le caractère obstiné du griffon.

Barbet ou Caniche. — Ce chien a le corps trapu, les jambes courtes et fortes, la tête ronde, le poil long et frisé ressemblant à de la laine, aussi ce chien doit-il être tondu pendant la saison chaude. Son pelage est quelque peu variable, le plus souvent il est blanc ou noir. C'est le plus intelligent de tous les chiens. Sa fidélité est à toute épreuve. S'il faut en croire Scheitlin, le caniche a la notion du temps ; il sait quand il est dimanche, quand il est midi, quand c'est le jour où l'on tue à l'abattoir. Il a le sens des couleurs, la musique lui produit une impression particulière ; il supporte certains morceaux ; il en est d'autres qu'il ne peut souffrir.

Le caniche a un très grand pouvoir d'observation ; rien ne lui échappe, il arrive à comprendre non seulement la parole, mais encore les gestes et les regards de son maître.

Ce chien se dresse assez facilement pour la chasse ; comme chien d'arrêt il sert, dit-on, en Espagne sur les marais, car il nage très bien.

Il apprend pour ainsi dire tout ce qu'on veut, c'est le type du *chien savant*.

5ᵉ Section

*Chiens employés à là garde des troupeaux et chiens
employés comme animaux de trait.*

Cette section comprend le chien de berger, le chien de
montagne, le chien de Terre-Neuve, le chien de Poméranie,
du Labrador, des Esquimaux, etc., etc.

Chien de berger. — De naissance, le chien de berger
semble réunir toutes les perfections, aussi n'y-a-t-il rien
d'étonnant à ce que Buffon l'ait considéré comme la souche
de toutes nos races domestiques.

Il est de taille moyenne, son corps est allongé, bien proportionné et couvert de poils longs et hérissés disposés par
mèches ; son pelage est gris foncé ou noirâtre.

La tête est de moyenne grosseur, le front élevé et arrondi,
le museau quelque peu allongé, les oreilles courtes et droites, la queue est horizontale et légèrement relevée.

Ce chien est d'une intelligence, d'une docilité, d'une so-
briété et d'une rusticité dont on se fait difficilement une idée.
Un simple signe du berger suffit pour lui indiquer ce qu'il a
à faire, souvent même il agit sans commandement. Cependant, il ne faudrait pas croire que le troupeau souffre en
quoi que ce soit, les chiens de berger qui mordent les moutons sont excessivement rares ; c'est par la douceur qu'ils
savent diriger et conduire ces animaux ineptes. Nous ne
pouvons résister au désir de résumer en quelques lignes
un fait rapporté il y a quelques années par M. Amaury de
Casanove.

Un berger gardait un troupeau considérable. Une brebis
mit bas dans un fossé un agneau, sans que le berger s'en
aperçût. Le soir, il ramena son troupeau, mais il constata
alors l'absence d'un des chiens. Il revint sur ses pas, appela
et siffla, mais en vain. Le lendemain, il conduisit son troupeau au même endroit ; soudain, une brebis s'élança en bêlant
joyeusement vers un buisson : le petit agneau était là, sain
et sauf, et le fidèle chien de berger près de lui semblait le
protéger.

Comme dit M. Gayot, le chien de berger est un paysan
robuste, très expert en son art, mais plus primitif que civi-

lisé. Tout à son métier, il ne va pas dans le monde et ne hante que le troupeau confié à sa garde.

Fig. 10. — Chien de berger.

On connaît plusieurs variétés de chiens de berger; parmi les principales il faut citer :

Le *chien de Brie*, dont le pelage long et soyeux est généralement fauve; autrefois très en renom, cette variété tend à disparaître.

Le *chien toucheur de bœufs* sert à la garde et à la conduite des bœufs et des vaches.

Chien de Terre-Neuve. — Il règne une grande incertitude en ce qui concerne l'origine de cette belle race, car il est bien avéré que lorsque les premiers colons anglais s'établirent à Terre-Neuve en 1622, ils n'y trouvèrent pas ces chiens.

Cet animal est grand, de forte stature, il a environ 80 centimètres de haut. Sa tête est large et longue, les oreilles moyennes, pendantes et à longs poils; la poitrine est large et le cou épais, les pattes sont hautes et fortes, la queue longue, touffue et tombante. Tout le corps est recouvert d'un pelage épais qui protège contre le froid.

Les doigts sont en partie palmée, aussi ce chien est-il excellent nageur.

La robe est noire avec des taches rouge clair aux pattes et au-dessus des yeux, quelquefois noire mêlée de blanc.

Fig. 11. — Chien Terre-Neuve.

Le chien de Terre-Neuve est très intelligent et très docile. Dans nos pays, c'est un excellent chien de garde, mais dans son pays natal, on s'en sert comme animal de trait.

Chien de montagne. — Le chien de montagne provient du chien de berger et du mâtin.

Il est de haute taille, sa tête est forte, son museau gros et allongé, les lèvres d'un rouge foncé, les oreilles courtes

3

et rabattues; la queue est touffue et relevée en panache.

Son pelage est long, épais, dur et frisé, généralement blanc ou brun taché de gris.

Sa démarche est lourde et lente.

C'est un excellent gardien, doux et fidèle. Dans les pays montagneux et boisés, on l'utilise à la garde des troupeaux.

Chien du Saint-Bernard. — Le chien du mont Saint-Bernard ne constitue plus aujourd'hui une race pure, car de nombreux croisements ont été faits vers 1820, à la suite d'une épidémie qui fit périr un grand noubre de ces utiles bêtes. Toutefois, il est encore facile de reconnaître dans le chien du mont Saint-Bernard certains caractères du chien de montagne, dont il semble être un type perfectionné.

C'est un grand chien, au museau court et large, aux pattes fortes et robustes. Son pelage est long et soyeux.

C'est avec un zèle et une intelligence incroyables que cet animal sait trouver et sauver les voyaguers enfouis sous la neige. On en cite un, le fameux *Barry*, qui sauva la vie à plus de quarante personnes. S'il voyait au loin quelque nuage ou quelque nuée orageuse, rien ne pouvait le retenir au couvent, il partait avec une ardeur sans pareille visiter, explorer et fouiller les endroits les plus dangereux. On prétend que ce chien, qui était à l'hospice au moment du passage de l'armée française en 1800, avait la bizarre habitude d'obliger tous les soldats isolés qu'il rencontrait, à mettre l'arme au bras, il leur barrait la route jusqu'à ce qu'ils se fussent conformés à son étrange désir.

Chien à loups ou chien de Poméranie. — Ce chien a quelque peu le faciès d'un loup, la tête longue, le museau pointu, les oreilles droites. Son pelage long et soyeux couvre tout son corps, la queue est longue et retournée en spirale. — La robe est blanche ou jaunâtre. Il est très fidèle et très attaché à son maître.

C'est un excellent chien de garde, employé comme tel dans bon nombre de provinces allemandes.

Chien des Esquimaux. — Le chien des Esquimaux est fort et robuste. Comme aspect général, il ressemble beaucoup au loup. Voici ses caractères : tête allongée, oreilles droites et pointues, poils longs et touffus, surtout en hiver; au printemps cette épaisse toison tombe pour être rempla-

cée par un poil plus fin; la queue est longue et abondamment garnie de poil. Ce chien n'aboie pas, mais pousse des
hurlements prolongés.

Il rend d'immenses services aux habitants des régions
glacées qu'il habite, car on peut dire que sans l'existence
de ces précieuses bêtes, l'existence des Esquimaux serait
impossible. Malgré cela, ce malheureux chien est traité avec
la dernière rigueur; il tire les traîneaux, porte les charges
les plus lourdes, et en échange de ces services, reçoit des
coups et quelques débris de nourriture tout à fait insuf-
fisants. Aussi ces chiens cherchent-ils à se soustraire à cet
esclavage; toujours affamés, ils sont voleurs et s'emparent
de tout ce qui est à leur portée.

Avec ses semblables, le chien des Esquimaux est hargneux et

Fig. 12. — Chien des Esquimaux.

batailleur, souvent même il montre les dents à l'homme, bien
plus rarement aux femmes... Toutefois cher lecteur, n'allez
pas croire que c'est par pure galanterie; non c'est *simplement*

de la reconnaissance, car les épouses des Esquimaux se montrent plus douces envers ces animaux, dont elles soignent d'ailleurs les petits; de là vient leur prédilection pour ces dames.

Indépendamment de leur emploi comme bête de somme, ces chiens servent encore à la chasse au veau marin et à l'ours en hiver, au renne en été.

Le *chien du Kamtschatka* ressemble beaucoup au précédent, c'est le seul animal domestique de cette contrée. Il a le pelage long et touffu, de couleur assez variable, mais le plus souvent taché de noir ou de gris. Ces chiens sont méfiants, n'ont nul attachement pour l'homme, au contraire, ils manquent rarement de lui sauter à la gorge à la moindre contrariété ; cependant, en employant la ruse on les attelle assez facilement aux traîneaux.

Un voyage dans un véhicule traîné par ces animaux est loin d'être chose agréable, c'est pourtant le meilleur mode de locomotion dans ce pays sauvage. Dans les passes difficiles où le cheval et même le piéton se briseraient infailliblement les côtes, le chien du Kamtschatka passe admirablement.

Ces bêtes sont exclusivement nourries avec du poisson en décomposition.

Le *chien de Sibérie* se rapproche beaucoup du précédent. Il est utilisé comme animal de trait. Bien mieux traités que les chiens des Esquimaux, ces animaux sont bien plus intelligents et beaucoup plus sociables.

6me Section

Chiens de garde, chiens de luxe ou d'appartement.

Parmi les chiens de garde, les chiens *dogues* et *bouledogues* sont les plus répandus ; les chiens de luxe sont très nombreux, les plus importants sont le King-Charles, le Bichon, le Carlin, etc.

Dogue ou Molosse. — Le dogue est dit-on un descendant du chien de berger : c'est un animal de forte taille, au corps gros, à poitrine large, au cou gros et court ; la tête est grosse et arrondie, le front saillant, les oreilles courtes et demi-pendantes, le museau est bref, le pelage ras est fauve pâle.

C'est un chien fidèle, mais quelque peu brutal ; il est très fort et très courageux, parfois cruel. Le dogue est un excellent chien de garde qu'on emploie quelquefois pour les chasses dangereuses. (fig. 13.)

Le *doguin* est un petit dogue à poitrine large, il est un peu plus lourd et plus massif ; la tête est large et épaisse, le museau court, le nez fendu, les oreilles longues et pendantes ; la mâchoire inférieure dépasse un peu la supérieure. C'est un bon chien de garde, mais il est triste, morose et brutal.

Bouledogue. — Ce chien est plus petit que les précédents Son corps est court, trapu, les côtes sont bien arquées, les jambes fortes et musculeuses. La tête est ronde, le crâne élevé, les yeux gros, séparés par une dépression frontale bien marquée ; le museau est court et le nez retroussé ; ses mâchoires sont énormes, l'inférieure est très proéminente et laisse voir les dents ; les oreilles sont petites. Le pelage est fin, doux et serré ; il est fauve pâle ou jaunâtre, quelquefois noir ; la tête est toujours plus foncée.

C'est surtout en Angleterre qu'on trouve les plus beaux individus de cette race.

Le bouledogue, d'une manière générale, est peu intelligent, cependant il est attaché à son maître. Il est très courageux mais peu endurant ; il mord volontiers les autres chiens. Quelquefois, il dédaigne les attaques des roquets, et se contente de leur montrer son mépris, c'est ainsi qu'un bouledogue resté célèbre, *Chicken*, passant un jour dans une rue de Plymouth, fut entouré par une troupe de chiens qui gênaient sa promenade, il s'arrêta et ayant examiné son entourage ne trouva rien de mieux que de lever une de ses pattes de derrière et les tint tous en respect...

Comme chien de garde, le bouledogue, dit Stonehenge, n'a pas son égal, c'est sans contredit le plus courageux de tous les chiens, si ce n'est pas le plus courageux de tous les animaux.

Chien de Malte ou **de la Havane**. — Ce chien est d'origine très ancienne, car Strabon en parle assez longuement. Malgré son nom, il ne vient ni de Malte, ni de la Havane, il paraît plutôt originaire de l'Archipel indien d'où il a passé en Grèce et en Italie ; aussi le nom de *Bichon*, sous lequel il a été décrit par Buffon, est-il bien plus rationnel.

Ce chien a le corps allongé, la tête ronde, les oreilles courtes et tombantes, les yeux et le nez noirs, la queue est relevée et tombe sur la hanche. Tout le corps de cette mignonne créature est recouvert de poils longs et soyeux qui

Fig. 14. — Chien de la Havane.

empêchent de distinguer les formes ; les jambes sont courtes et garnies de longs poils. Le pelage est blanc ou jaunâtre d'un éclat lustré lui donnant l'aspect de la soie. (fig.14.)

Ce petit chien, dont le poids ne dépasse guère cinq livres, est vif, enjoué, fidèle et intelligent. C'est le chien d'appartement par excellence ; malheureusement, il devient de plus en plus rare, au point même de devenir introuvable.

King-Charles. — Ce chien doit son nom à Charles II d'Angleterre, qui avait un goût très prononcé pour cette race. Depuis cette époque, le King-Charles a été conservé dans toute sa pureté par les ducs de Norfolk. C'est un petit épagneul a tête arrondie, au museau court et légèrement retroussé, aux yeux saillants et larmoyants ; ses oreilles sont très allongées et couvertes de poils soyeux ondulés, elles tombent presque jusqu'à terre.

Ces chiens sont noir ou brun foncé marqué de feu aux yeux et aux pattes, la poitrine est presque toujours blanche. Ceux du roi Charles II étaient, dit-on, blanc et orangé.

Les king-charles sont très doux, mais réservés et timides, ils n'aiment pas qu'on s'occupe d'eux ; cependant ils sont susceptibles d'un grand attachement. Bienveillant, dit

M. Gayot, je ne trouve pas d'autre mot pour tous ceux de la maison, il n'aime réellement que l'un de ses habitants à la fois. Il aime sérieusement alors, sérieusement et exclusivement.

Roquet. — Le *roquet* est probablement un produit de la dégénération du dogue. C'est un petit chien à tête ronde et grosse, aux yeux saillants, aux oreilles petites et tombantes; il a les jambes courtes et la queue relevée, le pelage est variable, le plus souvent noir lustré ou blanc.

Le roquet est vif, courageux, attaché et fidèle mais criard et hargneux au possible.

Carlin. — Ce singulier petit être, encore appelé *mopse*, est très rare en France; en Angleterre il est très recherché et

Fig. 15. — Chien Loulou.

se paye excessivement cher, simple fantaisie d'outre-Manche, car ce chien ne vaut généralement pas le dixième de ce qu'on le paye.

C'est un bouledogue en miniature qui est bien plus trapu; sa hauteur dépasse rarement 30 centimètres, il est bas sur pattes, sa tête est ronde, son museau obtus, sa queue enroulée en trompette est recourbée sur l'un des côtés de l'arrière-train. Son pelage est fauve ou jaunâtre; sa face noire jusqu'aux yeux, formant une sorte de masque est caractéristique. Il est peu intelligent, maussade, défiant et capricieux. En somme c'est une race peu intéressante qui, d'ailleurs, tend à disparaître.

Chien loulou. — C'est un excellent chien de garde; il a le museau pointu, les oreilles droites, terminées en pointe; son pelage est droit et laineux, d'un blanc pur, quelquefois noir, ou encore café au lait. Il est vif et sautillant, très attaché à ses maîtres; il aime le grand air et ne supporte pas d'être enfermé. C'est le fidèle compagnon des cochers, camionneurs, voituriers, etc., il défend les véhicules en aboyant sans cesse; en somme, il est utile à bien des points de vue.

7ᵉ Section

Dans ce groupe se rangent les chiens mêlés, croisés, etc., mais ayant quelque peu modifié la classification de Stonetrenge en rangeant ces chiens dans les groupes précédents, en signalant leur origine, nous n'avons pas à y revenir. Nous mentionnerons seulement :

Le chien de rue. — C'est le résultat du croisement de variétés appartenant à des espèces mêlées déjà plusieurs fois. Ces croisements sont dus au hasard, le chien de rue n'a aucun caractère propre; il participe des qualités et des défauts de tous ses ancêtres. Son nom de chien de rue lui a été donné parce qu'il est toujours errant et nullement surveillé par son maître qui le laisse s'accoupler comme bon lui semble.

C'est dans cette septième section que doivent être rangés les metis de *chien et de renard*.

Au commencement de ce volume, nous avons établi les caractères distinctifs entre ces deux animaux qui, on s'en souvient, s'éloignent sensiblement. Buffon, Flourens et Cuvier ont affirmé que l'accouplement entre eux n'était pas possible. C'est là une profonde erreur, car on a obtenu, en Angleterre notamment, des metis parfaitement féconds.

Les croisements entre chien et loup, chien et chacal, donnent également des produits féconds qui ont les caractères de leurs parents.

Ces produits n'ayant qu'un intérêt purement scientifique, nous nous contentons de les mentionner,

TROISIÈME PARTIE

REPRODUCTION, ÉLEVAGE, DRESSAGE, ÉDUCATION, etc., etc.

REPRODUCTION

Accouplement. — Les accouplements dans la race canine doivent se faire avec beaucoup de discernement, surtout en ce qui concerne le choix des reproducteurs.

Il ne faut livrer à la reproduction que des chiens adultes, robustes, forts et de bonne constitution.

Quelques auteurs prétendent que le choix de la femelle a plus d'importance que celui du mâle. C'est là une supposition toute gratuite qui ne repose sur aucune observation sérieuse, attendu que le mâle et la femelle communiquent leurs qualités et leurs défauts respectifs aux descendants et que, lorsqu'une influence domine, c'est celle de l'individu qui, au moment de l'acte de la reproduction a la plus forte constitution, quel que soit d'ailleurs son sexe. Or, comme dans les accouplements bien proportionnés, entre animaux de même race, le mâle est généralement le plus robuste, ce serait plutôt son influence qui serait prédominante. Mais nous le répétons, il n'y a là rien d'absolu.

Ce qui est hors de doute, c'est que de beaux et bons chiens provenant eux-mêmes de parents beaux et bons, donneront des descendants possédant leurs qualités. C'est pourquoi il faut choisir avec soin les individus qu'on veut accoupler.

Chez les chiens sauvages, la femelle entre en *chaleur* une fois par an, chez les espèces domestiques ce phénomène se renouvelle deux fois dans une même année, généralement en été et vers le mois de décembre.

Les *chaleurs* durent de 10 à 15 jours, rarement plus. La chienne a alors les parties gonflées, humides et sanguinolentes; elle dégage à cette époque de l'année; une odeur propre, *sui generis*, qui attire les mâles de fort loin. Il est à remarquer que la femelle ne se prête à l'accouplement que cinq ou six jours après qu'elle a commencé à entrer en chaleur.

Il est important de faire couvrir les chiennes au moment où elles en ont besoin, au moins de temps en temps, une fois par an, ou tout au moins tous les deux ans, autrement on risquerait de perdre la bête (1).

Ces animaux, lors de l'accouplement, par suite d'une disposition anatomique particulière et de circonstances physiologiques spéciales, restent accolés contre leur gré pendant un temps plus ou moins long qui dure parfois plusieurs heures.

Il est alors bien inutile, cruel même, de les accabler comme on le fait, de coups de bâton, d'ondées liquides, de coups de pied, etc.; ce sont là des faits qui prouvent bien peu en faveur de ceux qui les exécutent et que nous ne saurions trop blâmer,

On a recommandé différents moyens pour séparer les deux animaux, mais ils ne sont guère efficaces; il en est un qui, paraît-il, réussit assez souvent, il consiste à maintenir entre les mains pendant quelques instants le museau du chien et de la chienne, de manière à arrêter un peu la respiration. Nous indiquons ce moyen sous toutes réserves, n'ayant pas eu l'occasion de vérifier nous-mêmes son efficacité.

Quelle est la valeur réelle des accouplements entre consanguins? autrement dit, peut-on faire couvrir, sans inconvénient, une chienne par un de ses proches, père, frère, etc? Lorsque les deux individus choisis, mâle et femelle ont des qualités nombreuses et bien marquées, la consanguinité élevant l'hérédité à sa plus haute puissance, ces qualités seront sûrement transmises aux descendants; mais, si les

1. Lorsque pour une raison ou pour une autre, on ne peut faire couvrir une chienne, il faut lui donner une nourriture très peu excitante, et un léger purgatif, de la manne par exemple à la dose de 15 à 30 grammes suivant la taille et la constitution de la bête, qu'on fera prendre dans un peu de lait.

parents ont le moindre défaut on le retrouvera aussi sûrement chez les enfants et souvent même beaucoup plus marqué.

Gestation. — La gestation est la période pendant laquelle la femelle qui a été couverte conserve ses petits dans son corps. Elle dure de 62 à 75 jours, rarement plus. Pendant la gestation, il faudra éviter de faire travailler la chienne, par contre un exercice modéré est très recommandable ; il importe aussi de séparer la femelle en gestation des autres chiens. On lui évitera un logement humide, et on lui donnera une nourriture plus abondante et plus substantielle, car pendant cette période la bête a non seulement à subvenir à ses propres besoins, mais encore à ceux des petits qu'elle porte dans son sein.

Parturition. — On nomme ainsi l'acte par lequel la femelle rejette les petits au dehors, leur donne le jour, en un mot, les met au monde.

La parturition est précédée par quelques signes particuliers qu'il importe de connaître ; les principaux sont : difficulté de marcher, augmentation notable des mamelles, agrandissement et tuméfaction de la vulve qui laisse écouler un liquide visqueux.

Pour mettre bas, la chienne se retire et accomplit seule l'acte qui va la rendre mère. Les portées varient de 1 à 3, de 4 à 6, et de 7 à 12 petits.

Après la parturition, et pendant les cinq ou six jours qui suivent, il importe de ne donner rien de froid à la chienne ; des boissons tièdes sont recommandées ; immédiatement après la parturition on lui donnera une potion de gruau dissous dans du lait tiède.

Comme nous l'avons déjà dit, la parturition est facile chez la chienne, l'intervention de l'homme est rarement nécessaire ; si, par extraordinaire, il y avait quelque difficulté soit dans l'expulsion des petits ou de l'arrière-faix, on donnera 60 centigrammes à 1 gr. d'ergot de seigle ; mais il est rare qu'on ait à intervenir en quoi que ce soit.

ÉLEVAGE

Allaitement. — Les jeunes chiens, lorsqu'ils viennent au monde, ont les yeux fermés ; ils ne les ouvrent que 10 ou 12 jours après leur naissance.

Pour peu que la portée soit nombreuse, il faut la diminuer pour ne pas trop affaiblir la mère, on lui laisse deux ou trois petits ; mais il importe de lui laisser allaiter la portée *entière* pendant les trois ou quatre premiers jours.

Enlever toute la portée à une chienne est une grande imprudence qui provoque souvent la *fièvre de lait*.

La chienne tant qu'elle allaite montre beaucoup d'attachement pour ses petits ; elle les aime tendrement, les lèche, les réchauffe, les défend et les corrige même quelquefois.

Les mamelles ventrales, fait remarquer M. Bénion, organes reproducteurs, sont toujours plus chargées de lait que les pectorales. Cependant comme la succion augmente de beaucoup la vertu sécrétoire des glandes mammaires, il arrive que lorsqu'un jeune chien recherche et s'adonne particulièrement à une mamelle pectorale, celle-ci se développe, tandis qu'une ventrale reste en inaction.

La production du lait a lieu dans toutes les mamelles à la fois mais, si une chienne, au lieu d'avoir douze petits, n'en a que quatre, la sécrétion du lait n'a lieu que dans six mamelles.

Élevage des jeunes. — Le jeune chien est peu actif, il dort continuellement, et n'interrompt son sommeil que pour prendre de la nourriture.

A l'âge de trois ou quatre semaines, il boit dans les vases et tette moins la mère.

A six semaines, il commence à manger de la soupe. C'est vers cette époque, c'est-à-dire à l'âge de six à sept semaines qu'on doit commencer le *sevrage* qui doit être gradué et insensible pour éviter au jeune chien une transition trop brusque.

Jusqu'à l'âge de dix mois environ, le jeune chien joue, saute et recherche la société des autres chiens, en un mot, jusqu'à l'âge de 12 ou 15 mois, c'est encore un *loutou folâtre*.

La croissance et le développement ne sont guère terminés qu'à l'âge de deux ans, aussi jusqu'à cet âge les chiens doivent-ils recevoir une nourriture copieuse.

C'est pendant cette période de jeunesse, et généralement de 4 à 15 mois, que ces animaux sont sujets à cette affection appelée *maladie des chiens*, dont nous parlons dans la quatrième partie de ce volume.

Chien adulte. — A deux ans, le chien est adulte. C'est alors qu'il présente tous les caractères distinctifs de sa race et qu'il est apte à la reproduction. Arrivés à cet âge, les chiens sont traités différemment suivant les usages auxquels on les destine ; il va sans dire que ceux qui seront soumis à un travail quelconque, chasse, garde des troupeaux, etc., devront être mieux nourris que ceux qui ne font rien. Mais, en tous cas, le chien adulte est moins vorace que pendant la première jeunesse.

Vieillesse. — Vers huit ou neuf ans commence la vieillesse ; alors les fonctions se ralentissent ; une transformation se produit généralement à cette époque, ou le chien devient très maigre ou il devient très gras. — Le poil devient de plus en plus blanc et l'animal devient très frileux.

Le chien meurt vers quatorze ans, quelquefois il atteint l'âge de dix-huit ou vingt ans, mais c'est assez rare.

ALIMENTATION

La question de l'alimentation des chiens est une de celles que l'on connaît le moins. Il règne à ce sujet une foule de préjugés qu'il est bien difficile de faire disparaître. Nous devons donc quelque peu insister.

En France, on nourrit les chiens avec la *soupe* traditionnelle, c'est-à-dire du pain trempé dans l'eau ; il suffit pourtant d'examiner les dents de ces animaux pour voir qu'ils sont carnivores ; la domestication, il est vrai, en a fait un omnivore, mais au moins, traitons-le comme tel. Quelques amateurs, dit M. de Cherville, sont convaincus que, si on ne veut pas voir ces animaux envahis par les maladies de la peau, le pain doit être leur nourriture exclusive.... Prétendre réduire le chien exclusivement au végétarisme est une erreur. Si l'animal

4

est sédentaire, si son existence se passe à l'attache ou dans le cercle étroit d'une cour, à ce régime, il végétera, vaille que vaille. S'il est soumis à un travail rigoureux et répété, il dépérira ou ne vous fournira jamais la somme de résistance à la fatigue dont, dans d'autres conditions, il serait susceptible. Les chiens de vénerie mangent de la viande tantôt crue et tantôt cuite et les maladies de peau ne sont ni plus ni moins fréquentes en eux que chez leurs congénères. Le chien d'arrêt qui, étant souvent en campagne, n'a pas comme les meutes cinq jours de repos sur sept, réclame comme celles-ci une alimentation fortifiante dans laquelle la viande doit figurer. Les Anglais, qui nous distancent de fort loin dans toutes ces questions, l'ont compris depuis longtemps. Toujours à l'affût des besoins ou des désirs de son public, leur industrie a tout de suite inventé les *spratts-patent* pour leur éviter l'ennui d'avoir à mettre le pot-au-feu pour le chenil.

Ces *spratts-patent* sont des biscuits composés de chair de cheval et de pulpe de betterave ; ils se préparent comme la soupe en versant de l'eau bouillante dessus et en les délayant ; les chiens la mangent avec avidité.

Qu'elle soit donnée ainsi, ou sous une autre forme, il importe que la viande entre dans l'alimentation du chien sans toutefois constituer son régime exclusif, bien entendu.

CHENIL

Les dimensions, la disposition et la forme des chenils varient, non seulement avec le nombre de chiens qu'on possède, mais encore avec l'usage auquel on les destine.

Cependant, le local des chiens doit autant que possible satisfaire aux conditions suivantes :

Être placé sur un lieu plutôt élevé, *à l'abri de l'humidité*, abrité des vents du nord, exposé au midi. Le sol doit être pavé ou bétonné, légèrement incliné pour faciliter l'écoulement des urines et des eaux de lavage. La toiture sera en tuiles, ou de préférence en chaume ; le zinc s'échauffant trop facilement, doit être rejeté.

Le chenil doit comprendre, pour peu que les chiens soient nombreux, trois parties distinctes :

1° Une partie située au midi qui sert d'habitation aux chiens.

2° Une sorte de cuisine où se préparent les aliments.

3° Une large cour ou préau, située en avant et sur les côtés.

Dans l'habitation des chiens proprement dite, il faut réserver au moins deux loges séparées, l'une destinée aux femelles pleines, l'autre aux animaux malades.

Au milieu de la cour doit se trouver un bassin large et peu profond où les animaux peuvent se baigner. Il est très recommandable d'avoir de l'eau fraîche à proximité, un ruisseau par exemple, car ce qui importe avant tout d'observer dans un chenil, c'est *la plus minutieuse propreté*.

On aura soin aussi de planter des arbres au-devant de la cour, pour procurer de l'ombre. Les chiens jouiront ainsi de tous les avantages de l'exposition au midi, sans en avoir les inconvénients.

ÉDUCATION

L'éducation du chien consiste à développer ses facultés intellectuelles et à utiliser ses moyens d'action.

Plus que tous les animaux, dit M. Bénion, le chien est susceptible d'éducation; ses qualités, comme celles de l'homme, sont au plus haut degré perfectibles.

L'éducation du chien est facile à conduire et à mener à bonne fin, car chez cet animal l'esprit est observateur et la mémoire prodigieuse. Les personnes et les objets qu'il a vus, les scènes qui se sont passées sous ses yeux déterminent sur ses sens une impression ineffaçable. Le chemin parcouru et les lieux de haltes sont toujours retrouvés par lui, alors que le cheval se trouve souvent en défaut. Voit-il prendre un fusil ou une canne, il devine qu'il va accompagner son maître ; il se livre à une foule de démonstrations joyeuses, court, saute et gambade.

Il y a deux sortes d'éducation applicables au chien : l'une consiste à faire servir uniquement au plaisir de l'homme ses qualités acquises; la deuxième en fait un serviteur soumis, elle a pour but d'utiliser le chien au travail et d'en faire un être vraiment *utile*.

DRESSAGE

Le dressage du chien doit commencer vers l'âge d'un an ou quinze mois ; plus tôt, il est encore trop joueur, plus tard il apprend avec plus de difficulté ce qu'on veut lui enseigner.

Cependant, le dressage des chiens de berger doit commencer un peu plus tôt, vers sept ou huit mois, mais alors on se contente de le mettre en rapport avec le troupeau, en l'unissant à un vieux chien qui peu à peu lui apprendra la manœuvre. Le dressage du chien de chasse a une importance toute exceptionnelle. Nous ne pouvons songer ici à en donner tous les détails, nous nous contenterons de quelques notions générales destinées à donner une *idée* de la chose renvoyant aux ouvrages spéciaux ceux de nos lecteurs que cette question intéresse particulièrement.

Dressage du chien d'arrêt. — Ce dressage est long et compliqué ; tout d'abord il faut s'assurer :

1° Que le chien qu'on veut dresser a l'odorat bien développé. C'est là une condition essentielle ; si elle fait défaut, il va sans dire que le chien devra être rejeté, quelles que puissent être d'ailleurs ses autres qualités ;

2° Qu'il a des dispositions naturelles pour la chasse. Pour s'en assurer, au printemps, on conduit la bête dans un champ où sont des perdrix et on l'excite quelque peu. S'il cherche, porte le nez haut et fait lever le gibier, tout va bien, le dressage sera facile ; s'il reste inactif et refuse de quêter, on peut être à peu près sûr de n'en jamais rien tirer.

L'éducation peut être commencée au logis, elle consiste alors à exercer le chien à marcher en laisse, à obéir au commandement, à rapporter, à l'habituer au sifflet, etc. Puis on le conduit en plaine. S'il arrête d'instinct, c'est une très bonne chose, sinon il faut l'habituer en attachant une perdrix vivante à une ficelle : on la laisse courir dans les champs, et elle ne tarde pas à se blottir, on amène alors le chien et on l'encourage à quêter, on le modère ou on l'excite suivant les cas, puis on tire la perdrix devant lui et on lui fait rapporter.

Pendant tous ces exercices il ne faut tolérer aucune curiosité déplacée, le chien doit n'avoir qu'un objectif, le gibier.

On doit donner les ordres avec fermeté.

Pour le faire passer en arrière on dit : *derrière*.

Pour le faire coucher : *couche*.

Modérer l'exercice : *tout beau*.

Pour retrouver une pièce : *cherche*.

La faire remettre : *apporte*.

Pour le faire arrêter brusquement : *stop*, etc., etc.

Dressage du chien courant. — Le dressage des chiens courants est généralement plus simple. En effet, ce qu'on lui demande surtout c'est une *parfaite obéissance*.

On les habituera à marcher coupler et on leur fera faire ainsi des promenades plus ou moins longues en leur parlant : *Derrière, Tout beau*, etc.

Ce qu'il faut chercher surtout c'est de les empêcher de chasser indistinctement tous les animaux.

Dans le dressage, il ne faut pas craindre de caresser et de prodiguer de bonnes paroles aux élèves lorsqu'ils font bien ; il faut les châtier lorsqu'ils montrent de la paresse ou même de la mauvaise volonté, mais toujours le châtiment doit être modéré, car le plus souvent on en obtient beaucoup plus par la douceur. Jamais la brutalité et les mauvais traitements n'ont fait un bon chien de chasse, bien au contraire.

QUATRIÈME PARTIE

LES MALADIES DU CHIEN

HYGIÈNE

« Mieux vaut prévenir que guérir » dit le proverbe. Certes rien n'est plus judicieux, aussi ne saurions-nous trop conseiller aux propriétaires de chiens:

1° De les tenir dans un état constant de propreté;

2° De les bien nourrir sans excès toutefois;

3° De ne pas les surmener.

Car c'est généralement pour avoir méconnu l'une ou l'autre de ces conditions hygiéniques qu'on voit les maladies se développer dans le chenil.

Nous n'avons nullement l'intention de décrire ici toutes les maladies qui peuvent atteindre le chien, une telle étude serait fatigante et inutile, car ces maladies sont fort nombreuses et pour la plupart d'entre elles le propriétaire serait dans l'impossibilité de poser un diagnostic exact; il risquerait donc d'aggraver le mal, par un traitement non approprié: or, ce n'est pas là le but de la médecine vétérinaire.

Nous ne conseillerons pas non plus au propriétaire de se substituer à l'homme de l'art: ce que nous cherchons, c'est à établir la différence qu'il y a entre l'état sain et l'état maladif de façon à faire ouvrir l'œil au maître et l'engager *à soigner ses animaux lui-même si le cas est peu grave et bien caractérisé, ou à avoir recours au vétérinaire ou même au spécialiste si c'est un cas peu commun, grave, ou mal défini.*

Nous nous bornerons donc à décrire les maladies les plus communes, celles qui peuvent être soignées sans le secours du vétérinaire, à moins de complication, bien entendu.

Maladie des chiens. — C'est entre quatre et douze mois, quelquefois même au delà, que cette affection se déclare. On la désigne sous le terme vague de *maladie des chiens* parce que ses manifestations sont très variées et qu'elle ne suit pas un cours régulier. On croit généralement que ses différentes formes sont des affections distinctes, mais il n'en est absolument rien, car quelle que doive être la forme ultérieure de la maladie, elle *débute* toujours par les mêmes symptômes: *l'animal est triste, frileux, et perd l'appétit, éternue souvent et souvent même vomit: les yeux et le nez sécrètent une humeur aqueuse et les jambes sont excessivement faibles.*

Mais ce n'est pas la maladie caractérisée par ces symptômes mêmes qui fait périr l'animal, ce sont les conséquences, les complications qui surviennent et dont la gravité est extrême, paralysie postérieure, catarrhe chronique, catarrhe intestinal, etc.

Prévenir ces complications c'est sauver la bête.

On a proposé de purger le chien tous les quinze jours avec de la manne prise dans du lait, cela réussit quelquefois mais pas toujours, ou bien, lorsque le mal est tout à fait au début, purger la bête avec du kermès (2 centigrammes) ou du sirop de nerprun (15 à 25 grammes). On conseille aussi la traditionnelle fleur de soufre dans l'eau du chien, remède souverain que nous comparons assez volontiers, suivant l'expression populaire, à un cautère sur une jambe de bois.

Le moyen infaillible de lutter contre ces complications c'est, comme l'a proposé M. A. Sanson, d'administrer tout de suite au malade, matin et soir, une cuillerée à café chaque fois de *teinture de quinquina* dans un quart de verre de vin rouge. Il importe d'appliquer ce traitement dès l'apparition des premiers symptômes.

M. Sanson, garantit l'efficacité de ce remède. Nous avons eu l'occasion de l'appliquer dans bon nombre de cas, toujours il a donné les meilleurs résultats; nous ne saurions donc trop le recommander.

Blessures. — Les blessures, suivant la manière dont elles sont occasionnées, sont des coupures, des piqûres, déchirures, fractures, etc.; toujours ce sont des solutions de continuité faites aux parties molles par une cause mécanique.

Ce qui importe tout d'abord, c'est de laver la plaie avec de l'eau légèrement alcoolisée, tiède en hiver, froide en été, puis on coupe avec soin les lambeaux de chair ou de peau pendantes ; s'il y a des corps étrangers dans la blessure le secours du vétérinaire est indispensable.

Une fois lavée, la plaie est préservée du contact de l'air par quelques lotions au vin aromatique, et on l'enveloppe soigneusement pour que l'animal ne puisse défaire le pansement.

Les morsures seront traitées de la même façon. Cependant pour ces dernières il est préférable de cautériser la plaie immédiatement.

Chancres aux oreilles. — Ce sont des ulcères qui se développent sur le pourtour de l'oreille ; l'animal secoue la tête et se gratte l'oreille, qui ne tarde pas à s'enflammer et à suppurer abondamment.

Il faut tout d'abord empêcher le chien de secouer la tête : pour cela on la lui enveloppe dans un filet, qui maintient les oreilles dans l'immobilité ; on complète le traitement en frottant la partie malade deux fois par jour avec de l'huile mercurielle.

Coliques. — Les causes sont nombreuses et variées, mais les symptômes assez nets. Le chien se roule sur le dos et se traîne sur le ventre, en gémissant. On donne des lavements de guimauve ou de graine de lin ; lorsque le mal persiste, on ajoute au lavement quelques gouttes de teinture d'opium.

La *constipation* est combattue avec les laxatifs, une cuillerée d'huile de ricin battue avec du sucre constitue le meilleur remède.

Gale. — C'est une affection cutanée qui se manifeste d'abord aux coudes et aux épaules, et qui passe ensuite à la poitrine et au ventre, etc.

Sur les parties malades on voit des vésicules renfermant une sérosité purulente, l'animal ressent une vive démangeaison et se gratte continuellement.

On guérit cette maladie avec la pommade suivante :

Fleur de soufre	30	grammes
Carbonate de potasse	8	—
Nitrate de potasse	5	—
Sel de cuisine	8	—
Alun	3	—
Axonge	40	—

Il suffit de deux ou trois fortes frictions pour faire disparaître la maladie.

Poux. — Souvent les chiens sont tourmentés par des poux, tiques et autres insectes parasites dont il importe de les débarrasser. On y arrive assez facilement avec des frictions de tabac infusé dans l'eau bouillante.

Vers intestinaux. — La présence des vers intestinaux, notamment du ténia, est assez fréquente chez les chiens. Elle se manifeste par les caractères suivants : ils mangent beaucoup et avec gloutonnerie, leur faim est insatiable et cependant l'animal reste maigre et débile ; ils expulsent en abondance des excréments très liquides et rendent des vers par les selles et par la gueule ; parfois même ils ont des coliques et crient pendant la nuit sans que l'on puisse en soupçonner la cause.

Il faut purger fortement le chien, puis on lui donne un breuvage composé de sirop de nerprun et d'essence de térébenthine :

Sirop de nerprun	25	grammes
Essence de térébenthine	1	—

Il est bon de faire jeûner l'animal pendant vingt-quatre heures avant de lui administrer ce médicament.

On peut encore lui administrer une décoction d'écorce de grenadier à la dose d'environ 25 grammes.

LA RAGE

La rage est une maladie virulente, transmissible par inoculation et qui, ajoutent la plupart des auteurs, *se développe spontanément chez les animaux du genre chien et chat.*

Nous regrettons d'être ici en contradiction avec *la plupart des auteurs*, mais nous ne pouvons admettre la spontanéité de cette maladie, pas plus que la spontanéité de la morve, de la syphilis, etc. Un chien étant enragé, nous sommes bien convaincus qu'il a *contracté* la maladie. La période d'incubation a été plus ou moins longue, sa durée d'ailleurs n'est pas bien connue, mais on a signalé des chiens chez lesquels la rage s'est déclarée quatre ou cinq mois après avoir été mordus ; or il n'y a aucune raison pour que cette période d'incubation ne puisse se prolonger ; quoi qu'il en soit, la maladie a été *transmise par inoculation.*

C'est bien à tort que l'on désigne encore cette terrible maladie sous le nom d'*hydrophobie*, car cette dénomination s'applique à l'horreur de l'eau. Or, cette particularité ne s'observe pas chez le chien enragé, bien au contraire ; au début de la maladie, il boit parfaitement et avec avidité. Ce n'est que tout à fait vers la fin de la maladie que le chien ne boit plus et cela parce que les muscles du gosier et de la bouche sont paralysés et ne peuvent plus concourir à la déglutition. Il est vrai que l'homme enragé ne peut boire, par cette même raison que la déglutition est douloureuse, mais ce n'est là qu'un symptôme de l'affection rabique, aussi est-il important de préciser : *hydrophobie n'est pas synonyme de rage.*

Nous avons vu que la rage est contagieuse, ajoutons que c'est seulement par inoculation et que le seul agent de la transmission est la salive, qui est virulente.

Cette maladie terrible est toujours mortelle, il importe donc de la connaître dans ses moindres détails, surtout dans ses premières manifestations, c'est-à-dire au moment où elle est très dangereuse sous des apparences bénignes.

Les symptômes de la rage sont très variables ; ils consistent, dit Youalt, dans une humeur sombre et une agitation inquiète qui se traduit par un changement continuel de position. L'animal cherche à fuir ses maîtres ; il se retire dans son panier, dans sa niche, dans les recoins des appartements, sous les meubles, mais il ne montre aucune disposition à mordre. Si on l'appelle, il obéit encore, mais avec lenteur et comme à regret. Crispé sur lui-même, il tient sa tête cachée profondément entre sa poitrine et ses pattes de devant.

Bientôt il devient inquiet, cherche une nouvelle place pour se reposer, et ne tarde pas à la quitter pour en chercher une autre. Puis il retourne à son lit, dans lequel il s'agite continuellement, ne pouvant trouver une position qui lui convienne. Au fond de son lit il jette autour de lui un regard dont l'expression est étrange. Son attitude est sombre et suspecte. Il va d'un membre de la famille à l'autre, fixe sur chacun des yeux résolus, et semble demander à tous, alternativement, un remède contre le mal qu'il ressent.

Une des particularités les plus curieuses et les plus importantes à connaître de la rage du chien, c'est la persévérance chez cet animal, même dans les périodes les plus avancées de la maladie, des sentiments d'affection envers les personnes auxquelles il est attaché. Ces sentiments demeurent si forts en lui, que le malheureux animal s'abstient souvent de diriger ses atteintes contre ceux qu'il aime, alors même qu'il est en pleine rage. De là des illusions fréquentes que les propriétaires des chiens enragés se font sur la maladie de ces animaux. Comment croire à la rage, en concevoir même l'idée, chez un chien que l'on trouve toujours affectueux, docile, et dont la maladie se traduit seulement par de la tristesse, de l'agitation et une sauvagerie inaccoutumée : illusions redoutables, car ce chien, dont on ne se méfie pas, peut, malgré lui-même, faire une morsure fatale...

Le plus souvent, le chien enragé respecte et épargne ceux qu'il affectionne. S'il en était autrement, les accidents rabiques seraient bien plus nombreux ; car la plupart du temps les chiens enragés restent pendant vingt-quatre, quarante-huit heures chez leurs maîtres, au milieu des personnes de la famille et des gens de la domesticité , avant que l'on conçoive des craintes sur la nature de leur maladie.

Les symptômes ci-dessus décrits sont ceux de la première période de la rage. Bientôt, ils sont peu à peu remplacés par de l'inquiétude, de l'agitation, le chien va et vient sans pouvoir se fixer nulle part.

A la deuxième période, c'est-à-dire vers le troisième jour, l'attitude de la bête est sombre et suspecte, il cesse de manger mais boit beaucoup, puis se produit un changement dans le timbre de la voix qui est tout à fait caractéristique de la maladie.

Le chien devient de plus en plus inquiet, il semble assiégé par des idées étranges. On le croit endormi, mais soudain il se redresse, il regarde autour de lui et happe, comme pour saisir un objet imaginaire ; ces hallucinations sont très fréquentes.

Un signe tout à fait caractéristique de la rage est l'impression que produit la vue d'un chien sur celui qui est affecté de la maladie. Dès que le chien enragé se trouve en présence d'un de ses semblables, il tend à se jeter sur lui et s'il peut l'atteindre il le mord avec fureur.

Fig. 16. — Chien affecté de la rage.

Pendant la troisième période, qui se déclare généralement vers le 4e ou 5e jour, le chien ne peut même plus boire, ni aboyer ; il s'agite et mord tout ce qui est à sa portée ; s'il est libre, il court droit devant lui, le poil hérissé, la langue pendante, l'œil injecté, la queue entre les jambes, mordant les hommes et les animaux qu'il rencontre.

Mais le signe vraiment caractéristique de cette période, c'est la perte presque complète de la sensibilité. Le chien ne ressent plus les coups dont on l'accable; on peut lui présenter un fer rouge, il se précipite dessus, le tient dans sa gueule et le garde ainsi ne ressentant aucune brûlure.

Enfin, vers le 6ᵉ jour, le chien ne peut presque plus se tenir debout, il se traîne lentement, la queue entre les jambes, la gueule ouverte et la langue pendante ; bientôt, une paralysie totale se déclare, commençant par le train postérieur, elle envahit tout le corps en fort peu de temps.

Mais les chiens enragés arrivent rarement jusqu'à cette dernière période.

Lorsque les premiers symptômes ont été constatés, il faut bien se rendre compte du timbre de la voix du chien suspect, qui, ainsi que nous l'avons dit, est caractéristique.

« L'aboiement du chien enragé, dit M. Bouley, est si caractéristique, que l'homme qui en connaît la signification peut, rien qu'à l'entendre, affirmer à coup sûr l'existence d'un chien enragé là où cet aboiement a retenti. Et il ne faut pas, pour arriver à cette sûreté de diagnostic, que l'oreille ait été longtemps exercée. Celui qui a entendu une ou deux fois hurler le chien qui rage, en demeure si fortement impressionné, quand, cela va de soi, on lui a donné le sens de cet hurlement sinistre, que le souvenir en reste gravé dans sa mémoire, et que lorsque, une autre fois, le même bruit vient à frapper son oreille, il ne se méprend pas sur sa signification. »

C'est un fort aboiement suivi d'un hurlement aigu de six ou huit tons plus élevés que l'aboiement.

M. Sanson a traduit ce hurlement qui termine l'aboiement par la notation musicale. Nous la reproduisons ci-dessous:

Ce signe étant constaté, le doute n'est plus possible, et le plus sage est de tuer immédiatement l'animal.

La rage chez l'homme. — Chez l'homme, la maladie se manifeste à la suite d'une morsure, après une période d'incubation très variable.

Le malade est abattu, agité, il éprouve des maux de tête violents, la susceptibilité morale et la sensibilité sont très développées. La soif est intense et la gorge contractée. La région mordue ne présente aucune particularité. Bientôt surviennent des accès, des suffocations, des convulsions et enfin le délire furieux qui emporte le malade.

On ne saurait trop recommander en cas de morsure par un chien suspect, de faire *aussitôt* presser la plaie pour la faire bien saigner, la laver à grande eau et la cautériser fortement et profondément au fer rouge.

Si on a opéré aussitôt après la morsure on peut être à peu près sûr d'être préservé de la maladie. Puis, sur la plaie cautérisée, on applique, si c'est possible, des compresses imbibées d'eau-de-vie camphrée ou d'eau de Cologne.

Tout cela doit se faire en attendant le médecin.

Traitement préservatif et curatif de la rage. — Par la nature même de l'affection à laquelle nous faisons allusion, et surtout en raison de sa gravité, on a cherché depuis fort longtemps à la prévenir et à la guérir.

Les anciens prescrivaient les saignées, les purgatifs et les vomitifs, il va sans dire que c'était sans résultat. Puis, on a tour à tour préconisé le mercure, le soufre, l'arsenic, le camphre, la valériane, l'assa-fœtida, puis l'opium, la belladone, la digitale, l'aconit, la jusquiame, etc. Inutile d'ajouter que, non seulement ces médicaments étaient d'un emploi dangereux, mais encore d'une inefficacité absolue.

Vers 1860, on a préconisé le *haschich*, non pas comme curatif, mais comme palliatif. D'après les expériences faites au grand hôpital de Milan, avec l'extrait noir administré à la dose de 50 centigrammes toutes les quatre heures ; ce remède eut, paraît-il, le précieux avantage de diminuer l'horrible tableau de la rage humaine et de faire disparaître jusqu'à la mort les affreuses convulsions de la terrible maladie. L'efficacité du haschich a-t-elle été vérifiée depuis, nous ne saurions le dire; en tous cas, nous croyons utile d'attirer l'attention sur ce sujet. Dans ces derniers temps, on a préconisé tour à tour l'*Anagalis avensis*, le *Plantain d'eau*, la *Sabine*, la *Pilocarpine*, etc. dont les propriétés curatives n'étaient qu'apparentes.

Tout récemment un homme illustre, un de ces génies dont la France s'honore et que le monde nous envie, M. Pasteur, a fait des expériences sur l'inoculation du virus rabique et est arrivé à cette conclusion que par les inoculations reposant sur le principe de la vaccination contre la petite vérole, on peut arriver à préserver de la terrible maladie.

Ajoutons, il est vrai, que d'après les attestations de M. Pasteur lui-même, la question n'est pas encore résolue, surtout en ce qui concerne l'atténuation du virus, qui doit être telle qu'il soit inoffensif et préservatif.

Mais les premières bases sont établies, et les recherches auxquelles se livre M. Pasteur et ses élèves donneront avant peu la résolution de ce grave problème. Ce sera un bienfait de plus à ajouter à l'actif du grand savant français.

TAXE MUNICIPALE

SUR LES CHIENS

Une statistique faite par ordre du roi en 1770 ayant constaté en France l'existence de quatre millions de chiens, on fut sur le point d'établir un impôt de six livres sur chacun de ces animaux espérant ainsi en limiter, le nombre, car on avait remarqué que deux chiens absorbent autant de nourriture qu'un homme, remarque importante à cette époque où les vivres étaient parfois rares et chers.

Cependant la taxe ne fut réellement établie qu'en 1855, par la loi du 2 mai.

« Art. 1er. A partir du 1er janvier 1856, il sera établi dans toutes les communes, et à leur profit, une taxe sur les chiens.

« Art. 2. Cette taxe ne pourra excéder 10 francs, ni être inférieure à 1 franc. »

Les tarifs établis portent deux taxes :

La plus élevée porte sur les chiens d'agrément et les chiens de chasse ; elle est généralement de 10 francs, dans les grandes villes et de 6 francs dans les petites villes et communes rurales.

La plus faible porte sur les chiens de garde, chiens

d'aveugles et tous ceux qui ne servent ni à la chasse ni à l'agrément de leurs propriétaires. Elle est de 1 fr. 50.

Du 1er octobre au 15 janvier de l'année suivante, si on possède un chien, il faut le déclarer en indiquant l'usage auquel on le destine.

La taxe est due pour les chiens possédés au 1er janvier, exceptés pour ceux qui, à cette époque, sont encore allaités par la mère.

Nous croyons utile de reproduire ici l'article 10 du décret du 4 août 1855 :

« Sont passibles d'accroissement de taxe : 1o celui qui, possédant un ou plusieurs chiens, n'a pas fait de déclaration ; 2o celui qui a fait une déclaration incomplète ou inexacte. »

Dans le premier cas, la taxe sera triplée, et, dans le second, elle sera doublée pour les chiens non déclarés ou portés avec une fausse désignation.

Lorsqu'un contribuable aura été soumis à un accroissement de taxe, et que l'année suivante il ne fera pas la déclaration exigée, ou fera une déclaration incomplète ou inexacte, la taxe sera quadruplée dans le premier cas et triplée dans le second.

La loi du 28 septembre 1791 *prononce une amende et de la prison contre tout individu ayant blessé ou tué à dessein prémédité un chien de garde.*

La loi du 2 juillet 1850 *punit ceux qui font subir des mauvais traitements à ces animaux* (1).

---

1. On ne saurait trop approuver ces deux dernières lois établies dans un but de protection des plus louables. Malheureusement, il en est d'elles comme de bien d'autres, elles sont inscrites, elles existent sur le papier, mais non pas de fait. Il serait à désirer qu'elles fussent sévèrement appliquées afin de réagir contre des actes de brutalité sans nom, dont nous sommes témoin tous les jours, tant dans les villes que dans les campagnes.

A. L.

APPENDICE

Termes de vénerie les plus usités.

ABATIS. Bêtes abattues en grand nombre.

ABATTURES. Traces du cerf dans les gaulis.

ABOIS (*Aux*). État du cerf épuisé de fatigue.

AIGUILLONNÉ. Fumées portant un aiguillon.

ALLER DE BON TEMPS. Quand la bête ne fait que d'*aller* ou de passer dans un taillis.

ALLER D'ASSURANCE. Quand la bête va au pas.

ALLER DE HAUTES ERRES. Quand la bête est passée depuis sept ou huit heures.

ALLURE. Se dit de la marche de l'animal.

AMEUTER. Assembler les chiens pour la chasse.

ANDOUILLERS. Chevilles ou premiers cors sortant des perches ou du merrain du cerf, du daim, etc.

APPUYER LES CHIENS. Les diriger et les animer de la trompe et de la voix.

AVANCER. Se dit de l'allure du cerf, quand il trotte.

BALANCER. Quand la bête vacille en fuyant; ou quand le limier ne tient pas la voie.

BARRER. Se dit d'un chien qui balance sur les voies.

BATTRE L'EAU. Quand le cerf se jette à l'eau.

BOTTE. Collier du limier.

BOUSARTS. Fientes du cerf, au printemps.

BRAILLER. Quand un chien crie sans voix.

BREHAIGNE. Biche qui n'engendre pas.

BOUTIS. Lieu où les bêtes ont fouillé la terre.

CERF DE MEUTE. Celui que l'on court.

CERVAISON. Quand le cerf est gras en venaison.

CHANGE (*Prendre le*). Suivre une nouvelle bête.

CHASSER DE GUEULE. Laisser aboyer un limier.

CHEVILLES. (Voir Andouillers.)

CIMIER. Croupe du cerf, du daim ou du chevreuil.

COFFRE. Carcasse du cerf, du daim ou du chevreuil.

COLLE A LA VOIE. Chien qui suit bien la piste.

CONNAISSANCES. Indices de l'âge et de la forme du cerf par la tête, les pieds et les fumées.

CONTRE-PIED. Suivre les traces à rebours.

COUPER. Quitter la voie pour prendre les devants.

COUPLE. Lien qui accouple les chiens deux à deux.

COURRE (*Le*). Endroit où l'on parque les lévriers.

CROULER LA QUEUE. Mouvement du cerf quand la peur le fait fuir.

CURÉE. C'est faire manger aux chiens la bête ou seulement les parties intérieures, la *mouée*.

DAGUES. Premiers bois du cerf.

DAGUET. Cerf poussant son premier bois.

DEBOUT. Mettre *debout*, c'est lancer un animal.

DÉBUCHER. Faire sortir le cerf de son fort.

DÉCOUSURES. Blessures de sanglier.

DÉCOUPLER LES CHIENS. Les détacher pour les faire chasser.

DÉFAUT. Quand les chiens ont perdu la voie.

DÉMÊLER LA VOIE. Trouver la voie du cerf couru.

DÉTOURNER LE CERF. Tourner autour de son gîte.

DONNER LE CERF AUX CHIENS. Les lancer, découplés, sur la voie de la bête.

EMPAUMER LA VOIE. Prendre la voie de l'animal.

EMPAUMURES. Le haut de la tête des vieux cerfs et chevreuils.

ENCEINTE. Lieu où le limier détourne la bête.

ENLEVER LA MEUTE. Arrêter les chiens et les entraîner par le plus court chemin.

EN REVOIR. Avoir des indices du cerf par le pied.

ENTÉES. Fumées du cerf, dont deux sont soudées.

ÉPOIS. Cors placés au sommet de la tête du cerf.

EPONGE. Talon des bêtes fauves.

ERRES. Traces du cerf.

ÉVENTER LA VOIE. Quand les chiens flairent la voie sans mettre le nez à terre, ou sentent le cerf qui est sur le ventre dans une enceinte.

FAONS. Jeunes cerfs jusqu'à un an.

FAIRE SA TÊTE. Le cerf fait ou pousse sa tête depuis le mois de mars jusqu'au mois d'août.

FAIRE TÊTE AUX CHIENS. Leur résister sans fuir.

FAUX-MARQUÉ. Tête du cerf ayant plus de cors d'un côté que de l'autre.

FAUX-REMBUCHEMENT. Se dit des bêtes sauvages; lorsqu'elles rentrent dans le bois.

FINS. L'animal est sur ses *fins* lorsqu'il est prêt d'être forcé.

FLASTRURES. Lieu où l'animal s'arrête et se met sur le ventre, lorsqu'il est chassé.

FORHU. Sonner du cor pour faire revenir les chiens.

FORLONGER. Quand le cerf a beaucoup d'avance sur les chiens et s'éloigne du pays où il est chassé.

FOULÉES. — FOULURES. Traces de la forme du pied de la bête chassée.

FOULER UNE ENCEINTE. Entrer à cheval, avec limiers, pour lancer la bête.

FRAPPER A ROUTE. Relancer le cerf.

FRAYER. C'est lorsque les cerfs, chevreuils ou daims brunissent ou frottent leur bois contre les baliveaux pour en faire détacher la peau velue.

FUITE. Voie du cerf fuyant; il ouvre alors davantage le pied.

FUMÉES. Excréments des bêtes fauves.

GAGNAGES. Lieux où les fauves vont se repaître.

GARDES. Ergots du sanglier au-dessus du talon.

GAULIS. Branche des taillis.

GITE. Lieu où le lièvre se couche pendant le jour.

GOUTTIÈRES. Raies creusées le long des perches ou du merrain de la tête du cerf, du chevreuil, etc.

GRAIS. Défenses du sanglier.

GROS TON. Ton grave de la trompe.

HAIRE. Jeune cerf d'un an.

HALLALI. On le crie lorsque le cerf est sur ses fins.

HAMPE. Poitrine du cerf.

HARDER. Tenir plusieurs chiens courants couplés.

HASE. Femelle du lièvre.

HATER SON ERRE. Quand le cerf fuit très vite.

HERPAILLE. Horde de biches et de jeunes cerfs.

HOURVARI. Contremarche de l'animal pour tromper les chiens. — Cri pour les chiens en défaut.

HURE. Tête du sanglier, du loup et, en général, des bêtes carnassières.

JAMBES DES BÊTES. C'est depuis le talon jusqu'aux ergots, et jusqu'aux gardes pour les bêtes noires.

LAISSÉES. Fientes du loup et du sanglier.

LAISSER-COURRE. Laisser les chiens poursuivre la bête.

LANCER. Faire partir la bête de la reposée pour la donner à courre aux chiens.

LEVRAUT. Jeune lièvre.

LIMES. Les deux défenses inférieures du sanglier.

LIMIER. Chien qui sert à quêter le cerf et à le lancer hors de son fort.

LIVRER LE CERF AUX CHIENS. Lancer les chiens après lui.

LONGER. Se dit des bêtes qui mènent la chasse fort loin.

LOUVETERIE. Équipage pour la chasse au loup.

MAL MOULUE. Fumées du jeune cerf mal digérées.

MALSEMÉ. Lorsque le nombre des andouillers est impair.

MARTELÉES. Fumées qui semblent battues à coup de marteau.

MASSACRE. Tête de la bête fauve séparée du corps.

MENÉE. Droite route du cerf qui fuit.

MERRAIN. Matière du bois et de la perche du cerf.

METTRE BAS. Se dit du cerf, au printemps, lorsqu'il quête son bois.

MEUTE. Assemblage de tous les chiens.

Mouéé, Mélange de sang de cerf avec du lait et du pain, donné aux chiens à la curée.

Mue. Le cerf mue au printemps ; la tête ne se refait qu'en juillet.

Muse. Commencement du rut du cerf.

Nappe. Peau du cerf.

Nouées. Fumées du cerf bien formées.

Ordre. L'espèce et la qualité des chiens.

Os du cerf. Ses ergots.

Parement. Chair rouge qui recouvre la venaison du cerf sur les deux côtés.

Passée. Lieu où le cerf a passé.

Pelage. Couleur du poil des bêtes fauves.

Pied. Empreinte du pied de la bête chassée.

Pierrure. Petites pierres qui sont sur la meule de la tête du cerf.

Pinces. Les deux bouts du pied des bêtes fauves.

Piqueur. Veneur à cheval qui appuie les chiens et conduit la meute.

Piste. Empreinte que laisse sur la terre le pied du loup, du renard, etc.

Plateaux. Fumées plates, rondes ou en forme de bousarts.

Poudrer. Chasser un lièvre par un temps très sec.

Prendre le vent. Faire prendre aux chiens le devant d'une bête.

Prendre les devants. Faire un grand tour pour requêter la bête lorsqu'on en a perdu la voie.

Queter. — Aller en quête. Aller chercher la bête dans le lieu où elle repose.

Rabattre. Tomber sur la voie d'une bête qui est debout.

Raire ou réer. Cri du cerf : les cerfs raient.

Raccoupler. Remettre les chiens en laisse deux par deux.

Ramures. Bois du cerf.

Rapprocher. Chasser une bête passée depuis plusieurs heures.

Ravaler. Le cerf ravale quand il est très vieux et qu'il lui pousse des têtes basses et irrégulières.

Recrier (Se). Le chien se récrie quand la bête lui fait tête de près.

Relais (*Tenir les*). Embusquer les chiens en certains endroits, dans la refuite de la bête que l'on courre, pour les lâcher à son passage.

Rembuchement. Rentrée du cerf au fort.

Relever le défaut. Retrouver la voie et lancer de nouveau.

Rencontrer. Le limier rencontre quand il trouve une voie, une piste, une trace.

Rendonnée. Ce sont les deux ou trois tours que fait l'animal chassé avant de quitter l'enceinte d'où on l'a débusqué.

Reposée (*Lit* ou *chambre*). Lieu où les bêtes fauves se mettent sur le ventre pour y dormir le jour.

Requêter. Rechercher, pour la lancer de nouveau, la bête qu'on a perdue.

Revenu du cerf. Bois qui repousse sur sa tête.

Robe. Couleur du poil du chien.

Rompre les chiens. Leur faire quitter la bête.

Rougeur. Sang que le bois du cerf laisse aux branches, quand il est refait.

Ruser. La bête ruse lorsqu'elle va et vient sur les mêmes voies, pour tromper les chiens.

Rut. Ardeur amoureuse du cerf pendant les mois de septembre et d'octobre.

Sole. Milieu du dessous du pied des fauves.

Sonner. On *sonne* de la trompe pour rappeler les chiens, les rassembler, les exciter ou pour prévenir les chasseurs des péripéties de la chasse.

Sortir du fort. Se dit d'une bête qui débouche du lieu où elle a demeuré le jour.

Suivre. Le limier *suit* la voie d'une bête qui va d'assurance.

Sur-andouiller. Plus grand que les autres.

Talon. Haut du pied du cerf.

Tenir la voie. La suivre avec assurance.

Terrier. Trou du renard, du lapin et du blaireau.

Tête. Bois du cerf; — *Couronnée*, *Enfourchée*, etc., dont les corps forment la fourche, la couronne, etc.

Torches. Fumées à demi formées.

Trace. Se dit surtout de la voie du sanglier.

Trolle. On fait *trolle* quand, pour détourner la bête, on découple les chiens dans un bois.

Valet de chiens. Celui qui mène la meute.

Valet de limier. Celui qui va en quête du cerf.

Venaison. Graisse du cerf.

Vénerie Art de chasser. — Équipage de chasse.

Veneur. Directeur de la chasse : guide les chiens, guette, détourne, lance la bête, etc.

Viander. Brouter, paître, manger.

Viandis. Pâture des bêtes fauves.

Voies. Trace du pied de cerf, de daim, etc.

Vol-ce-l'est. Terme employé quand on revoit la bête qui va fuyant en ouvrant les quatre pieds.

Vue (*Chasser à*.) Voir le gibier.

FIN

TABLE DES MATIÈRES

7ᵉ Section.

TROISIÈME PARTIE.

REPRODUCTION, ÉLEVAGE, DRESSAGE, ÉDUCATION, ETC.

QUATRIÈME PARTIE.

MALADIES DU CHIEN.

APPENDICE

Imp. de la Soc. de Typ. - Nouzette, 8, r. Campagne-Première. Paris.

www.ingramcontent.com/pod-product-compliance
Ingram Content Group UK Ltd.
Pitfield, Milton Keynes, MK11 3LW, UK
UKHW020952140726
13695UKWH00003B/1370